■ゼロからはじめる　ドコモ【アクオス アールナイン】

AQUOS R9

ドコモ完全対応版

SH-51E

スマートガイド

技術評論社編集部 著

技術評論社

CONTENTS

Chapter 1
AQUOS R9 のキホン

Section 01　AQUOS R9について 8

Section 02　電源のオン／オフとロックの解除 10

Section 03　R9の基本操作を覚える 12

Section 04　ホーム画面の使い方 14

Section 05　情報を確認する 16

Section 06　ステータスパネルを利用する 18

Section 07　アプリを利用する 20

Section 08　ウィジェットを利用する 22

Section 09　文字を入力する 24

Section 10　テキストをコピー＆ペーストする 30

Section 11　Googleアカウントを設定する 32

Section 12　ドコモのIDとパスワードを設定する 36

Chapter 2
電話機能を使う

Section 13　電話をかける／受ける 44

Section 14　履歴を確認する 46

Section 15　伝言アシスタントを利用する 48

Section 16　通話音声メモを利用する 50

Section 17　電話帳を利用する 52

Section 18　着信拒否を設定する　58

Section 19　通知音や着信音を変更する　60

Section 20　操作音やマナーモードを設定する　62

Chapter 3
インターネットとメールを利用する

Section 21　Webページを閲覧する　66

Section 22　Webページを検索する　68

Section 23　複数のWebページを同時に開く　70

Section 24　ブックマークを利用する　72

Section 25　R9で使えるメールの種類　74

Section 26　ドコモメールを設定する　76

Section 27　ドコモメールを利用する　80

Section 28　メールを自動振分けする　84

Section 29　迷惑メールを防ぐ　86

Section 30　＋メッセージを利用する　88

Section 31　Gmailを利用する　92

Section 32　PCメールを設定する　94

Chapter 4
Google のサービスを 使いこなす

Section 33　Googleのサービスとは　98

CONTENTS

Section 34　Googleアシスタントを利用する ································· **100**

Section 35　アシスタントを活用する ···································· **102**

Section 36　Google Playでアプリを検索する ·························· **104**

Section 37　アプリをインストール・アンインストールする ············· **106**

Section 38　有料アプリを購入する ···································· **108**

Section 39　Googleマップを使いこなす ································ **110**

Section 40　紛失したR9を探す ··· **114**

Section 41　YouTubeで世界中の動画を楽しむ ························· **116**

Chapter 5
音楽や写真、動画を楽しむ

Section 42　パソコンから音楽・写真・動画を取り込む ··············· **120**

Section 43　本体内の音楽を聴く ······································ **122**

Section 44　写真や動画を撮影する ···································· **124**

Section 45　カメラの撮影機能を活用する ······························ **128**

Section 46　Googleフォトで写真や動画を閲覧する ···················· **134**

Section 47　Googleフォトを活用する ·································· **139**

Chapter 6
ドコモのサービスを使いこなす

Section 48　dメニューを利用する ····································· **142**

Section 49　my daizを利用する ······································· **144**

Section 50　My docomoを利用する ···································· **146**

Section 51　d払いを利用する **150**

Section 52　SmartNews for docomoでニュースを読む **152**

Section 53　ドコモのアプリをアップデートする **154**

Chapter 7
R9 を使いこなす

Section 54　ホーム画面をカスタマイズする **156**

Section 55　壁紙を変更する **158**

Section 56　不要な通知を表示しないようにする **160**

Section 57　画面ロックに暗証番号を設定する **162**

Section 58　指紋認証で画面ロックを解除する **164**

Section 59　顔認証で画面ロックを解除する **166**

Section 60　スクリーンショットを撮る **168**

Section 61　スリープモードになるまでの時間を変更する **170**

Section 62　リラックスビューを設定する **171**

Section 63　電源キーの長押しで起動するアプリを変更する **172**

Section 64　アプリのアクセス許可を変更する **173**

Section 65　エモパーを活用する **174**

Section 66　画面のダークモードをオフにする **177**

Section 67　おサイフケータイを設定する **178**

Section 68　バッテリーや通信量の消費を抑える **180**

Section 69　Wi-Fiを設定する **182**

5

Section **70** **Wi-Fiテザリングを利用する** **184**

Section **71** **Bluetooth機器を利用する** **186**

Section **72** **R9をアップデートする** **188**

Section **73** **R9を初期化する** **189**

ご注意：ご購入・ご利用の前に必ずお読みください

●本書に記載した内容は、情報の提供のみを目的としています。したがって、本書を用いた運用は、必ずお客様自身の責任と判断によって行ってください。これらの情報の運用の結果について、技術評論社および著者、アプリの開発者はいかなる責任も負いません。

●ソフトウェアに関する記述は、特に断りのない限り、2024年9月現在での最新バージョンをもとにしています。ソフトウェアはバージョンアップされる場合があり、本書での説明とは機能内容や画面図などが異なってしまうこともあり得ます。あらかじめご了承ください。

●本書は以下の環境で動作を確認しています。ご利用時には、一部内容が異なることがあります。あらかじめご了承ください。
端末： AQUOS R9 SH-51E（Android 14）
パソコンのOS： Windows 11

●本書はSH-51Eの初期状態と同じく、ダークモードがオンの状態で解説しています（Sec.66参照）。

●インターネットの情報については、URLや画面などが変更されている可能性があります。ご注意ください。

以上の注意事項をご承諾いただいたうえで、本書をご利用願います。これらの注意事項をお読みいただかずに、お問い合わせいただいても、技術評論社は対処しかねます。あらかじめ、ご承知おきください。

■本書に掲載した会社名、プログラム名、システム名などは、米国およびその他の国における登録商標または商標です。本文中では、™、®マークは明記していません。

6

Chapter

1

AQUOS R9のキホン

Section 01 AQUOS R9について
Section 02 電源のオン／オフとロックの解除
Section 03 R9の基本操作を覚える
Section 04 ホーム画面の使い方
Section 05 情報を確認する
Section 06 ステータスパネルを利用する
Section 07 アプリを利用する
Section 08 ウィジェットを利用する
Section 09 文字を入力する
Section 10 テキストをコピー&ペーストする
Section 11 Googleアカウントを設定する
Section 12 ドコモのIDとパスワードを設定する

Section 01

AQUOS R9について

AQUOS R9 SH-51Eは、ドコモから発売されたシャープ製のスマートフォンです。Googleが提供するスマートフォン向けOS「Android」を搭載しています。

AQUOS R9の各部名称を覚える

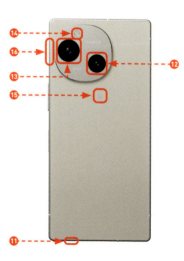

❶	nanoSIMカード／microSDカードトレイ	❾	送話口／マイク
❷	受話口	❿	USB Type-C接続端子
❸	マイク	⓫	スピーカー
❹	近接センサー／明るさセンサー	⓬	標準カメラ
❺	インカメラ	⓭	広角カメラ
❻	音量UP／DOWNキー	⓮	モバイルライト
❼	電源キー／指紋センサー	⓯	FeliCaマーク
❽	ディスプレイ／タッチパネル	⓰	Wi-Fi／Bluetoothアンテナ

AQUOS R9の特徴

AQUOS R9 SH-51Eは、5Gによる高速通信に対応したAndroid 14スマートフォンです。AQUOSシリーズのフラッグシップモデルで、ハイエンドプロセッサSnapdragon 7+ Gen 3、Leica監修のレンズを搭載しています。約6.5型のシャープの独自技術Pro IGZO OLEDディスプレイを採用し、240Hz相当の駆動を実現しています。本書では、AQUOS R9 SH-51EをR9と表記します。

● カメラ

背面に広角／望遠の2眼カメラと単眼のインカメラを搭載し、すべて5,030万画素でオートフォーカス対応のため動画や夜景も鮮明に撮影できます。また、AIが被写体に合わせて画質を自動調整するので、誰にでもベストショットが撮影できます。

● Googleサービス

Googleアカウントを取得して、「Gmail」「YouTube」「Googleマップ」「Googleカレンダー」「フォト」「Googleドライブ」「Googleアシスタント」などのサービスをフルに利用することができます。データがクラウドに保存され、ユーザーそれぞれの利用状況に応じて最適化したサービスが提供されます。

● ドコモのアプリとサービス

「SmartNews for docomo」「スケジュール」などのドコモアプリがあらかじめインストールされています。また、「dメニュー」「dマーケット」「ドコモメール」などのサービスを無料で利用できます。「My docomo」から有料サービスを探して新規契約することもできます。

Section **02**

電源のオン／オフと ロックの解除

OS・Hardware

電源の状態には、オン、オフ、スリープモードの3種類があります。3つのモードは、すべて電源キーで切り替えが可能です。一定時間操作しないと、自動でスリープモードに移行します。

ロックを解除する

① スリープモードで電源キー／指紋センサーを押します。

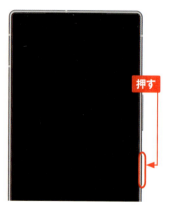

押す

② ロック画面が表示されるので、画面を上方向にスライド（P.13参照）します。

スライドする

③ ロックが解除され、ホーム画面が表示されます。再度、電源キーを押すと、スリープモードになります。

MEMO　スリープモードとは

スリープモードは画面の表示を消す機能です。本体の電源は入ったままなので、すぐに操作を再開できます。ただし、通信などを行っているため、その分バッテリーを消費してしまいます。電源を完全に切り、バッテリーをほとんど消費しなくなる電源オフの状態と使い分けましょう。

電源を切る

(1) 音量UPキー（音量キーの上側）と電源キーを同時に押します。

(2) 表示された画面の［電源を切る］をタッチすると、数秒後に電源が切れます。

(3) 電源をオンにするには、電源キーを3秒以上押します。

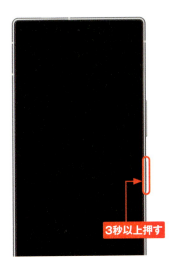

MEMO ロック画面からのカメラの起動

ロック画面からカメラを起動するには、ロック画面で🔘を画面中央にスワイプします。

Section 03

R9の基本操作を覚える

OS・Hardware

R9のディスプレイはタッチパネルです。指でディスプレイをタッチすることで、いろいろな操作が行えます。また、本体下部のナビゲーションバーにあるキーの使い方も覚えましょう。

1 ナビゲーションバーのキーの操作

ナビゲーションバー
戻るキー　ホームキー　アプリ使用履歴キー

> **MEMO　ナビゲーションバーのキーとメニューキー**
>
> 本体下部のナビゲーションバーには、3つのキーがあります。キーは、基本的にすべてのアプリで共通する操作が行えます。また、一部の画面ではナビゲーションバーの右側か画面右上にメニューキー■が表示されます。メニューキーをタッチすると、アプリごとに固有のメニューが表示されます。

メニューキー

ナビゲーションバーのキーとそのおもな機能		
◀	戻るキー／閉じるキー	1つ前の画面に戻ります。
●	ホームキー	ホーム画面が表示されます。一番左のホーム画面以外を表示している場合は、一番左の画面に戻ります。ロングタッチでGoogleアシスタント（Sec.34参照）が起動します。
■	アプリ使用履歴キー	最近使用したアプリが表示されます（P.21参照）。

12

タッチパネルの操作

タッチ

タッチパネルに軽く触れてすぐに指を離すことを「タッチ」といいます。

ロングタッチ

アイコンやメニューなどに長く触れた状態を保つことを「ロングタッチ」といいます。

ピンチアウト／ピンチイン

2本の指をタッチパネルに触れたまま指を開くことを「ピンチアウト」、閉じることを「ピンチイン」といいます。

スライド（スワイプ）

画面内に表示しきれない場合など、タッチパネルに軽く触れたまま特定の方向へなぞることを「スライド」または「スワイプ」といいます。

フリック

タッチパネル上を指ではらうように操作することを「フリック」といいます。

ドラッグ

アイコンやバーに触れたまま、特定の位置までなぞって指を離すことを「ドラッグ」といいます。

Section 04

ホーム画面の使い方

タッチパネルの基本的な操作方法を理解したら、ホーム画面の見方や使い方を覚えましょう。本書ではホームアプリを「docomo LIVE UX」に設定した状態で解説を行っています。

ホーム画面の見方

ステータスバー
お知らせアイコンやステータスアイコンが表示されます（Sec.05参照）。

マチキャラ
知りたい情報を教えてくれます。表示はオフにもできます。

クイック検索ボックス
タッチすると、検索画面やトピックが表示されます。黒く表示されている場合は「ダークモード」（Sec.66参照）がオンになっています。

アプリ一覧ボタン
タッチすると、インストールしているすべてのアプリのアイコンが表示されます（Sec.07参照）。

アプリアイコンとフォルダ
タッチするとアプリが起動したり、フォルダの内容が表示されます。

ドック
タッチすると、アプリが起動します。なお、この場所に表示されているアイコンは、すべてのホーム画面に表示されます。

ホーム画面を左右に切り替える

(1) ホーム画面は左右に切り替えることができます。ホーム画面を左方向にフリックします。

(2) ホーム画面が1つ右の画面に切り替わります。

(3) ホーム画面を右方向にフリックすると、もとの画面に戻ります。

MEMO SmartNews for docomoやmy daizの表示

ホーム画面を上方向にフリックすると、「SmartNews for docomo」(Sec.52参照)が表示されます。また、ホーム画面でマチキャラをタッチすると「my daiz」(Sec.49参照)が表示されます。

Section **05**

情報を確認する

画面上部に表示されるステータスバーから、さまざまな情報を確認することができます。ここでは、通知される表示の確認方法や、通知を削除する方法を紹介します。

ステータスバーの見方

```
14:09 📧 📧 ⚙ ⊙ ・           5G ▲ 🔋72%
```

お知らせアイコン

不在着信や新着メール、実行中の作業などを通知するアイコンです。

ステータスアイコン

電波状態やバッテリー残量など、主にR9の状態を表すアイコンです。

お知らせアイコン		ステータスアイコン	
M	新着Gmailあり	🔕	マナーモード（ミュート）設定中
☎	不在着信あり	📳	マナーモード（バイブレーション）設定中
📼	伝言メモあり	📶	Wi-Fiのレベル（5段階）
💬	新着+メッセージあり	▲	電波のレベル（5段階）
⏰	アラーム情報あり	🔋	バッテリー残量
⚠	何らかのエラーの表示	✱	Bluetooth接続中

通知を確認する

(1) メールや電話の通知、R9の状態を確認したいときは、ステータスバーを下方向にドラッグします。

ドラッグする

(2) ステータスパネルが表示されます。各項目の中から不在着信やメッセージの通知をタッチすると、対応するアプリが起動します。ここでは［すべて消去］をタッチします。

タッチする

(3) ステータスパネルが閉じ、お知らせアイコンの表示も消えます（消えないお知らせアイコンもあります）。なお、ステータスパネルを上方向にスライドすることでも、ステータスパネルが閉じます。

お知らせアイコンが消える

MEMO ロック画面での通知表示

スリープモード時に通知が届いた場合、ロック画面に通知内容が表示されます。ロック画面に通知を表示させたくない場合は、P.161を参照してください。

Section 06

ステータスパネルを利用する

ステータスパネルは、主な機能をかんたんに切り替えられるほか、状態もひと目でわかるようになっています。ステータスパネルが黒く表示されている場合は、ダークモード（Sec.66参照）がオンになっています。

ステータスパネルを展開する

(1) ステータスバーを下方向にドラッグすると、ステータスパネルと機能ボタンが表示されます。機能ボタンをタッチすると、機能のオン／オフを切り替えることができます。

(2) 機能ボタンが表示された状態で、さらに下方向にドラッグすると、ステータスパネルが展開されます。

(3) ステータスパネルの画面を左方向にフリックすると、次のパネルに切り替わります。

MEMO そのほかの表示方法

ステータスバーを2本指で下方向にドラッグして、ステータスパネルを展開することもできます。ステータスパネルを非表示にするには、上方向にドラッグするか、◀をタッチします。

ステータスパネルの機能ボタン

タッチで機能ボタンのオン／オフを切り替えられるだけでなく、ロングタッチすると詳細な設定が表示される機能ボタンもあります。

ロングタッチすると詳細な設定が表示される。

タッチしてオン／オフを切り替えられる。

ドラッグして画面の明るさを変更できる。

このボタンをタッチすると、機能ボタンをドラッグして並べ替え・追加・削除などができる画面が表示表示される。

機能ボタン	オンにしたときの動作
Wi-Fi	Wi-Fi（無線LAN）をオンにし、アクセスポイントを表示します（Sec.69参照）。
Bluetooth	Bluetoothをオンにします（Sec.71参照）。
マナーモード	マナーモードを切り替えます（P.63参照）。
ライト	R9の背面のモバイルライトを点灯します。
自動回転	R9を横向きにすると、画面も横向きに表示されます。
機内モード	すべての通信をオフにします。
位置情報	位置情報をオンにします。
リラックスビュー	目の疲れない暗めの画面になります（Sec.62参照）。
テザリング	Wi-Fiテザリングをオンにします（Sec.70参照）。
長エネスイッチ	バッテリーの消費を抑えます（P.180参照）。
Quick Share	付近のデバイスとのファイル共有について設定します。
画面のキャスト	対応ディスプレイやパソコンにWi-Fiで画面を表示します。
スクリーンレコード	表示中の画面を動画として録画できます。
アラーム	アラームを鳴らす時間を設定します。

Section **07**

アプリを利用する

OS・Hardware

アプリ一覧画面には、さまざまなアプリのアイコンが表示されています。それぞれのアイコンをタッチするとアプリが起動します。ここでは、アプリの終了方法や切り替え方もあわせて覚えましょう。

アプリを起動する

(1) ホーム画面のアプリ一覧ボタンをタッチします。

(2) アプリ一覧画面が表示されるので、任意のアプリのアイコン(ここでは [設定]) をタッチします。

(3) 設定メニューが開きます。アプリの起動中に◀をタッチすると、1つ前の画面(ここではアプリ一覧画面)に戻ります。

MEMO アプリのアクセス許可

アプリの初回起動時に、アクセス許可を求める画面が表示されることがあります。その際は [許可] をタッチして進みます。許可しない場合、アプリが正しく機能しないことがあります(対処法はSec.64参照)。

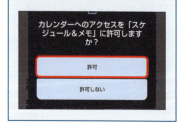

アプリを終了する

① アプリの起動中やホーム画面で■をタッチします。

② 最近使用したアプリが一覧表示されるので、終了したいアプリを上方向にフリックします。

③ フリックしたアプリが終了します。すべてのアプリを終了したい場合は、右方向にフリックし、[すべてクリア]をタッチします。

MEMO アプリの切り替え

手順②の画面でアプリをタッチすると、そのアプリの画面に切り替わります。

Section **08**

ウィジェットを利用する

R9のホーム画面にはウィジェットが表示されています。ウィジェットを使うことで、情報の確認やアプリへのアクセスをホーム画面上からかんたんに行うことができます。

ウィジェットとは

ウィジェットは、ホーム画面で動作する簡易的なアプリのことです。さまざまな情報を自動的に表示したり、タッチすることでアプリにアクセスしたりできます。R9に標準でインストールされているウィジェットは50種類以上あり、Google Play（Sec.36参照）でダウンロードするとさらに多くの種類のウィジェットを利用できます。また、ウィジェットを組み合わせることで、自分好みのホーム画面の作成が可能です。

アプリの情報を簡易的に表示するウィジェットです。タッチするとアプリが起動します。

時刻、日付、設定した地域の天候・気温などを表示するウィジェットです。

ウィジェットを設置すると、ホーム画面でアプリの操作や設定の変更、ニュースやWebサービスの更新情報のチェックなどができます。

ホーム画面にウィジェットを追加する

(1) ホーム画面の何もない箇所をロングタッチし、表示されたメニューの[ウィジェット]をタッチします。

(2) 「ウィジェット」画面でウィジェットのカテゴリの1つをタッチして展開し、ホーム画面に追加したいウィジェットをロングタッチします。

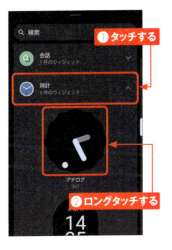

(3) ホーム画面に切り替わるので、ウィジェットを配置したい場所までドラッグします。

(4) ホーム画面にウィジェットが追加されます。ウィジェットをロングタッチすると、ドラッグによる移動・削除のほか、表示する情報の設定などができます。

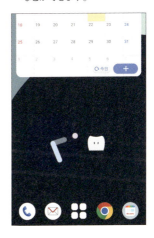

Section **09**

文字を入力する

R9では、ソフトウェアキーボードで文字を入力します。「12キー」(一般的な携帯電話の入力方法)や「QWERTY」などを切り替えて使用できます。

R9の文字入力方法

Gboard

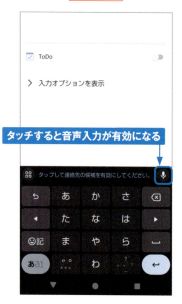

タッチすると音声入力が有効になる

音声入力

音声入力が有効の状態

MEMO 2種類の入力方法

R9は標準で「Gboard」と「音声入力」の2種類の入力方法を利用できます。本書の解説では「Gboard」を使用しています。

キーボードを切り替える

① キー入力が可能な画面になると、Gboardのキーボードが表示されます。⚙をタッチします。

② [言語] をタッチします。

③ [日本語] をタッチします。

④ この画面で [QWERTY] をタッチします。

⑤ 「QWERTY」にチェックが入ったことを確認し、[完了] をタッチします。

⑥ 「QWERTY」が追加されたことを確認し、←をタッチします。

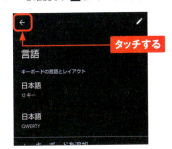

⑦ キーボードに表示された🌐をタッチすると、12キーとQWERTYを切り替えできます。

12キーで文字を入力する

●トグル入力をする

① 12キーは、一般的な携帯電話と同じ要領で入力が可能です。たとえば、あを5回→かを1回→さを2回タッチすると、「おかし」と入力されます。

② 変換候補から選んでタッチすると、変換が確定します。手順①で∨をタッチして、変換候補の欄をスライドすると、さらにたくさんの候補を表示できます。

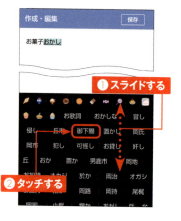

●フリック入力をする

① 12キーでは、キーを上下左右にフリックすることでも文字を入力できます。キーをタッチするとガイドが表示されるので、入力したい文字の方向へフリックします。

② フリックした方向の文字が入力されます。ここでは、あを下方向にフリックしたので、「お」が入力されました。

QWERTYで文字を入力する

① QWERTYでは、パソコンのローマ字入力と同じ要領で入力が可能です。たとえば、sekaiとタッチすると、変換候補が表示されます。候補の中から変換したい単語をタッチすると、変換が確定します。

② 文字を入力し、[変換]をタッチしても文字が変換されます。

③ 希望の変換候補にならない場合は、◀／▶をタッチして範囲を調節します。

④ ← をタッチすると、ハイライト表示の文字部分の変換が確定します。

文字種を変更する

(1) あa1をタッチするごとに、「ひらがな漢字」→「英字」→「数字」の順に文字種が切り替わります。あのときは日本語を入力できます。

(2) aのときは半角英字を入力できます。あa1をタッチします。

(3) 1のときは半角数字を入力できます。再度あa1をタッチすると、日本語入力に戻ります。

MEMO キーボードの設定

キーボードの画面で →［設定］の順にタッチすると、片手モードのオン／オフ、キー操作音のオン／オフ、キー操作音の音量など、キーボード入力のさまざまな設定ができます。

絵文字や記号、顔文字を入力する

① 12キーで絵文字や記号、顔文字を入力したい場合は、☺記をタッチします。

② 「絵文字」の表示欄を上下にスライドし、目的の絵文字をタッチすると入力できます。☆をタッチします。

③ 「記号」を手順②と同様の方法で入力できます。:-)をタッチします。

④ 「顔文字」を入力できます。あいうをタッチします。

⑤ 通常の文字入力画面に戻ります。

Section **10**

テキストを
コピー&ペーストする

R9は、パソコンと同じように自由にテキストをコピー&ペーストできます。コピーしたテキストは、別のアプリにペースト（貼り付け）して利用することもできます。

テキストをコピーする

1 コピーしたいテキストを2回タッチします。

2 テキストが選択されます。●と●を左右にドラッグして、コピーする範囲を調整します。

3 [コピー] をタッチします。

4 選択したテキストがコピーされました。

テキストをペーストする

① 入力欄で、テキストをペースト（貼り付け）したい位置をロングタッチします。

② ［貼り付け］をタッチします。

③ コピーしたテキストがペーストされます。

MEMO 履歴からコピーする

手順①の画面で📋→［クリップボードをオンにする］の順でタッチすると、コピーしたテキストが履歴として保管されます。手順②で［貼り付け］をタッチすると、履歴から選んでペーストできるようになります。

Section **11**

Googleアカウントを設定する

Application

本体にGoogleアカウントを設定すると、Googleが提供するサービスが利用できます。ここではGoogleアカウントを作成して設定します。作成済みのGoogleアカウントを設定することもできます。

Googleアカウントを設定する

(1) P.20手順①～②を参考に、アプリ一覧画面で[設定]をタッチします。

(2) 設定メニューが開くので、画面を上方向にスライドして、[パスワードとアカウント]をタッチします。

(3) [アカウントを追加]をタッチします。

(4) 「アカウントの追加」画面が表示されるので、[Google]をタッチします。

MEMO Googleアカウントとは

Googleアカウントを作成すると、Googleが提供する各種サービスへログインすることができます。アカウントの作成に必要なのは、メールアドレスとパスワードの登録だけです。本体にGoogleアカウントを設定しておけば、Gmailなどのサービスがかんたんに利用できます。

⑤ [アカウントを作成] → [個人で使用] の順にタッチします。作成済みのアカウントを使う場合は、アカウントのメールアドレスまたは電話番号を入力します（右下のMEMO参照）。

⑥ 上の欄に「姓」、下の欄に「名」を入力し、[次へ] をタッチします。

⑦ 生年月日と性別をタッチして設定し、[次へ] をタッチします。

⑧ [自分でGmailアドレスを作成] をタッチして、希望のメールアドレスを入力し、[次へ] をタッチします。

⑨ パスワードを入力し、[次へ] をタッチします。

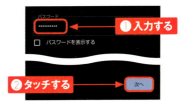

MEMO 既存のアカウントの利用

作成済みのGoogleアカウントがある場合は、手順⑤の画面でメールアドレスまたは電話番号を入力して、[次へ] をタッチします。次の画面でパスワードを入力すると、「ようこそ」画面が表示されるので、[同意する] をタッチし、P.35手順⑭以降の解説に従って設定します。

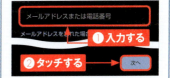

⑩ パスワードを忘れた場合のアカウント復旧に使用するために、電話番号を登録します。画面を上方向にスライドします。

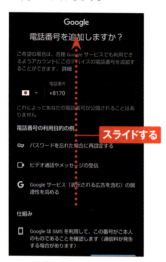

⑪ 説明を確認して、ここでは［はい、追加します］をタッチします。電話番号を登録しない場合は、［その他の設定］→［いいえ、電話番号を追加しません］→［完了］の順にタッチします。

⑫ 「アカウント情報の確認」画面が表示されたら、［次へ］をタッチします。

⑬ プライバシーと利用規約の内容を確認して、［同意する］をタッチします。

(14) 画面を上方向にスライドし、利用したいGoogleサービスがオンになっていることを確認して、[同意する]をタッチします。

(15) P.32手順③の「パスワードとアカウント」画面に戻ります。作成したGoogleアカウントが表示されるのでタッチします。

(16) [アカウントの同期]をタッチします。

(17) 同期可能なサービスが表示されます。サービス名をタッチすると、同期のオン/オフを切り替えることができます。

Section 12

ドコモのIDとパスワードを設定する

R9にdアカウントを設定すると、NTTドコモが提供するさまざまなサービスをインターネット経由で利用できます。また、spモードパスワードも初期値から変更しておきましょう。

dアカウントとは

「dアカウント」とは、NTTドコモが提供しているさまざまなサービスを利用するためのIDです。dアカウントを作成し、R9に設定することで、Wi-Fi経由で「dマーケット」などのドコモの各種サービスを利用できるようになります。
なお、ドコモのサービスを利用しようとすると、いくつかのパスワードを求められる場合があります。このうちspモードパスワードは「お客様サポート」(My docomo)で確認・再発行できますが、「ネットワーク暗証番号」はインターネット上で確認・再発行できません。契約書類を紛失しないように注意しましょう。さらに、spモードパスワードを初期値(0000)のまま使っていると、変更をうながす画面が表示されることがあります。その場合は、画面の指示に従ってパスワードを変更しましょう。
なお、ドコモショップなどですでに設定を行っている場合、ここでの設定は必要ありません。

ドコモのサービスで利用するID／パスワード	
ネットワーク暗証番号	お客様サポート (My docomo) や、各種電話サービスを利用する際に必要です。
dアカウント／パスワード	Wi-Fi接続時やパソコンのWebブラウザ経由で、ドコモのサービスを利用する際に必要です。
spモードパスワード	ドコモメールの設定、spモードサイトの登録／解除の際に必要です。初期値は「0000」ですが、変更が必要です (P.41参照)。

MEMO dアカウントとパスワードはWi-Fi経由でドコモのサービスを使うときに必要

5Gや4G (LTE) 回線を利用しているときは不要ですが、Wi-Fi経由でドコモのサービスを利用する際は、dアカウントとパスワードを入力する必要があります。

dアカウントを設定する

(1) 設定メニューを開いて、[ドコモのサービス/クラウド]をタッチします。

(2) [dアカウント設定]をタッチします。

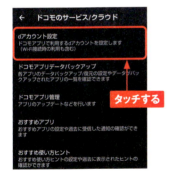

(3) 「機能の利用確認」画面が表示された場合は[OK]をタッチします。

(4) [ご利用にあたって]画面が表示された場合は、内容を確認して、[同意する]をタッチします。続いて、[かんたん自動ログイン!]画面が表示された場合は[確認]をタッチします。

(5) 「dアカウント設定」画面が表示されるので、[次]をタッチして進みます。[ご利用中のdアカウントを設定]をタッチします。

37

⑥ 電話番号に登録されているdアカウントのIDが表示されます。ネットワーク暗証番号（P.36参照）を入力して、[設定する]をタッチします。

⑦ 「設定確認/変更」画面が表示されたら[進む]をタッチします。

⑧ dアカウントの設定が完了します。指紋ロックの設定は、ここでは[設定しない]をタッチして、[OK]をタッチします。

⑨ 「アプリ一括インストール」画面が表示されたら、[今すぐ実行]をタッチして、[進む]をタッチします。

⑩ dアカウントの設定状態が表示されます。

dアカウントのIDを変更する

(1) P.37手順①〜②を参考にして、「dアカウント」画面を表示します。[dアカウントの設定確認/変更]→[設定を変更する]をタッチします。

(2) [IDの変更]をタッチします。

(3) 新しいdアカウントのIDを入力するか、[以下のメールアドレスをIDにする]を選択して、[入力内容を確認する]をタッチします。

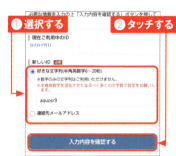

(4) 変更後のIDを確認して、[IDを変更する]をタッチします。

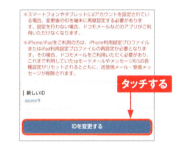

(5) dアカウントのIDの変更が完了します。[OK]をタッチすると、手順①の画面に戻りIDが変更されたことを確認できます。

spモードパスワードを変更する

① ホーム画面で[dメニュー]をタッチします。

② Chromeが起動し、dメニューの画面が表示されます。[My docomo]をタッチします。

③ My docomoの画面で[お手続き]をタッチし、[iモード・spモードパスワードリセット]をタッチします。

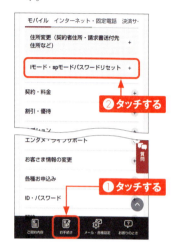

④ [spモードパスワード]をタッチします。

⑤ 「spモードパスワード」画面で[変更したい場合]をタッチします。

⑥ 「変更したい場合」の[spモードパスワード変更]をタッチします。

⑦ ネットワーク暗証番号(P.36参照)を入力し、[認証する]をタッチします。

⑧ 現在のspモードパスワード(P.36参照)を入力し、新しいspモードパスワードを2箇所に入力します。[設定を確定する]をタッチすると、設定が完了します。

MEMO spモードパスワードをリセットする

spモードパスワードがわからなくなったときは、手順④の画面で[お手続きする]をタッチし、説明に従って暗証番号などを入力して手続きを行うと、初期値の「0000」にリセットできます。

dアカウントのパスワードを変更する

① P.40手順①を参考に[dメニュー]を起動します。≡をタッチします。

② [dアカウントについて]をタッチします。

③ [ログイン]をタッチします。

④ [パスワードの変更]をタッチします。

⑤ ネットワーク暗証番号（P.36参照）を入力し、[ログイン]をタッチします。

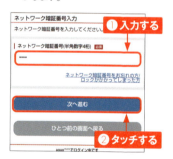

⑥ 新しいdアカウントのパスワードを入力して、[パスワードを変更する]をタッチします。

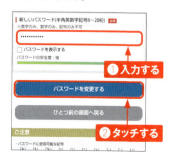

Chapter

2

電話機能を使う

Section 13 　電話をかける／受ける
Section 14 　履歴を確認する
Section 15 　伝言アシスタントを利用する
Section 16 　通話音声メモを利用する
Section 17 　電話帳を利用する
Section 18 　着信拒否を設定する
Section 19 　通知音や着信音を変更する
Section 20 　操作音やマナーモードを設定する

Section **13**

電話をかける／受ける

電話操作は発信も着信も非常にシンプルです。発信時はホーム画面のアイコンからかんたんに電話を発信でき、着信時はスワイプまたはタッチ操作で通話を開始できます。

電話をかける

(1) ホーム画面で📞をタッチします。

タッチする

(2) 「電話」アプリが起動します。▦をタッチします。

タッチする

(3) 相手の電話番号をタッチして入力し、[音声通話]をタッチすると、電話が発信されます。

❶タッチする　❷タッチする

(4) 相手が応答すると通話が始まります。📞をタッチすると、通話が終了します。

タッチする

電話を受ける

(1) スリープ中に電話の着信があると、着信画面が表示されます。📞を上方向にスワイプします。また、画面上部に通知で表示された場合は、[応答する]をタッチします。

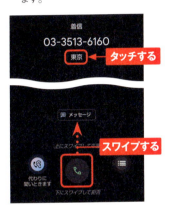

(2) 相手との通話が始まります。通話中にアイコンをタッチすると、ダイヤルキーなどの機能を利用できます。

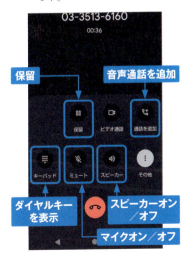

(3) 通話中に📞をタッチすると、通話が終了します。

MEMO 本体の使用中に電話を受ける

本体の使用中に電話の着信があると、画面上部に着信画面が表示されます。[応答する]をタッチすると、手順②の画面が表示されて通話ができます。

Section **14**

履歴を確認する

電話の発信や着信の履歴は、発着信履歴画面で確認します。また、電話をかけ直したいときに通話履歴から発信したり、電話した理由をメッセージ（SMS）で送信したりすることもできます。

発信や着信の履歴を確認する

(1) ホーム画面で📞をタッチして「電話」アプリを起動し、[履歴] をタッチします。

(2) 発着信の履歴を確認できます。履歴をタッチして、[履歴を開く] をタッチします。

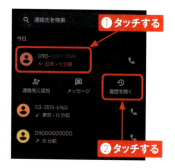

(3) 通話の詳細を確認することができます。

MEMO 履歴の削除

手順③の画面で右上の■→ [履歴を削除] をタッチすると、履歴を削除できます。

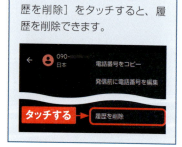

46

履歴から発信する

① P.46手順①を参考に発着信履歴画面を表示します。発信したい履歴の📞をタッチします。

② 電話が発信されます。

MEMO クイック返信でメッセージ（SMS）を送信する

電話がかかってきても受けたくない場合、電話を受けずにメッセージ（SMS）を送信することができます。受信画面で下部の［メッセージ］をタッチするといくつかメッセージが表示されるので、タッチすると送信できます。なお、手順①の画面で右上の︙→［設定］→［クイック返信］をタッチすると、送信するメッセージを編集できます。

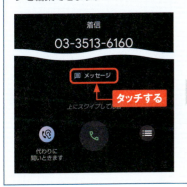
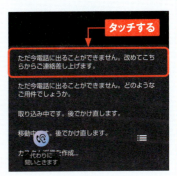

Section **15**

伝言アシスタントを利用する

「伝言アシスタント」機能を利用すると伝言、通話音声メモの再生や設定ができます。自動応答を設定しておくと、電話に出られないときに端末が自動で応答して伝言を預かることができます。

伝言アシスタントを設定する

(1) P.44手順①を参考に「電話」アプリを起動して、右上の■→［設定］の順でタッチします。

(2) ［通話アカウント］→［伝言アシスタント］をタッチします。

(3) 右下の［設定］→［自動応答］→［ON］の順にタッチします。

MEMO 「伝言アシスタント」の設定項目

手順③の画面で［自動応答］の他にも、［応答メッセージの確認］［自動応答時間］［伝言の要約］など「伝言アシスタント」の設定項目を変更できます。

伝言アシスタントを再生する

(1) 不在着信や伝言メモがあると、ステータスバーに 📞 が表示されます。ステータスバーを下方向にドラッグします。

(2) ステータスパネルが表示されるので、伝言アシスタントの通知をタッチします。

(3) 伝言アシスタントから聞きたい伝言をタッチすると、伝言メモが再生されます。

(4) 再生中の伝言メモを削除するには、右上の 🗑 をタッチします。

MEMO 伝言の要約

手順③の画面で[要約表示]をタッチすると、伝言を聞かなくてもAIが録音データをもとに伝言内容を要約して表示してくれます。

Section **16**

通話音声メモを利用する

Application

R9の「伝言アシスタント」を利用すると、「電話」アプリで通話中の会話を録音できます。重要な要件で電話をする際など、保存した会話をあとで再生して確認できるので便利です。

通話中の会話を録音する

① 「電話」アプリで通話中、右下の■をタッチします。

② 表示された[通話音声メモ]をタッチします。

③ 「録音中」画面が表示されて、通話の録音が開始されます。録音を終了するには[停止]をタッチします。

④ 通常の「電話」アプリの画面に戻ります。

録音した通話を再生する

(1) 「電話」アプリの画面で右上の┋→［設定］の順でタッチします。

(2) 「電話」アプリの「設定」画面が表示されるので、［通話アカウント］をタッチします。

(3) 「通話アカウント」画面で［伝言アシスタント］をタッチします。

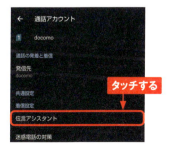

(4) 「通話音声メモ」をタッチし、通話音声メモリストの中から目的の通話音声メモをタッチします。▶をタッチすると、通話音声が再生されます。

(5) ⏸をタッチすると、通話音声の再生が停止します。

Section **17**

電話帳を利用する

電話番号やメールアドレスなどの連絡先は、「ドコモ電話帳」で管理することができます。クラウド機能を有効にすることで、電話帳データが専用のサーバーに自動で保存されます。

Application

ドコモ電話帳のクラウド機能を有効にする

(1) アプリ一覧画面で[ドコモ電話帳]をタップします。

タップする

(2) 初回起動時は「クラウド機能の利用について」画面が表示されます。注意事項を確認して、[利用する]→[許可]をタップします。

タップする

(3) 「すべての連絡先」画面が表示されます。すでに利用したことがあって、クラウドにデータがある場合は、登録済みの電話帳データが表示されます。

MEMO ドコモ電話帳のクラウド機能とは

ドコモ電話帳では、電話帳データを専用のクラウドサーバーに自動で保存しています。そのため、機種変更をしたときも、クラウドを利用してかんたんに電話帳を移行することができます。

連絡先に新規連絡先を登録する

(1) P.52手順③の画面で+をタップします。

(2) 初回は連絡先を保存するアカウントを選びます。ここでは[docomo]をタップします。

(3) 入力欄をタップし、「姓」と「名」の入力欄に相手の氏名を入力します。続けて、ふりがなも入力します。

(4) 電話番号やメールアドレスなどを入力し、完了したら、[保存]をタップします。

(5) 連絡先の情報が保存され、登録した相手の情報が表示されます。

履歴から連絡先を登録する

① P.44手順①を参考に「電話」アプリを起動します。[履歴]をタップし、連絡先に登録したい電話番号をタップして、[連絡先に追加]をタップします。

② [新しい連絡先を作成](既存の連絡先に登録する場合は連絡先名)をタップします。

③ P.53手順②～④の方法で連絡先の情報を登録します。

MEMO 連絡先の検索

「電話」アプリや「ドコモ電話帳」アプリの上部にある🔍をタップすると、登録されている連絡先を探すことができます。フリガナを登録している場合は、名字もしくは名前の読みの一文字目を入力すると候補に表示されます。

マイプロフィールを確認・編集する

① P.52手順③の画面で≡をタップしてメニューを表示し、[設定] をタップします。

② [ユーザー情報] をタップします。

③ 自分の情報を登録できます。編集する場合は、✐をタップします。

④ 情報を入力し、[保存] をタップします。

MEMO 住所の登録

マイプロフィールに住所や誕生日などを登録したい場合は、手順③の画面下部にある [その他の項目] をタップし、[住所] などをタップします。

ドコモ電話帳のそのほかの機能

●電話帳を編集する

(1) P.52手順③の画面で編集したい連絡先の名前をタップします。

(2) ✐をタップして「連絡先を編集」画面を表示し、P.43手順③〜④の方法で連絡先を編集します。

●電話帳から電話を発信する

(1) 左記手順②の画面で電話番号をタップします。

(2) 電話が発信されます。

●連絡先をお気に入りに追加する

① P.56左の手順②の画面で、右上の☆をタップします。

② P.44手順②の画面を表示して[お気に入り]をタップすると、お気に入りに追加されたことがわかります。ここから連絡先をタップすることで、すばやく電話をかけることができます。

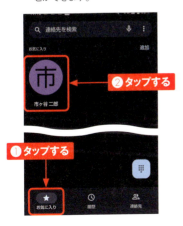

●連絡先を削除する

① P.56左の手順②の画面で、右上の┋をタップします。

② [削除]をタップすると、連絡先が削除されます。

Section **18**

着信拒否を設定する

Application

迷惑電話ストップサービス（無料）を利用すると、リストに登録した電話番号からの着信を拒否することができます。迷惑電話やいたずら電話がくり返しかかってきたときは、着信拒否を設定しましょう。

着信拒否リストに登録する

(1) 「電話」アプリの画面で右上の■→［設定］の順でタッチします。

(2) 「設定」画面で［通話アカウント］をタッチします。

(3) 「通話アカウント」画面でSIMを選択します。ここでは［docomo］をタッチします。

(4) ［ネットワークサービス・海外設定・オフィスリンク］をタッチします。「利用者情報の送信」画面が表示された場合は、［許諾して利用を開始］→［次の画面へ］→［許可］をタッチします。

⑤ 「サービス設定」画面で[ネットワークサービス]をタッチします。

⑥ 「ネットワークサービス」画面で[迷惑電話ストップサービス]をタッチします。

⑦ [番号指定拒否登録]をタッチします。

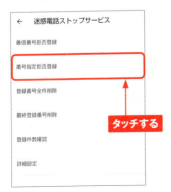

⑧ 着信を拒否したい電話番号を入力し、[OK]をタッチします。

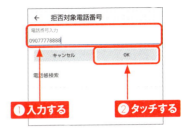

⑨ 確認のメッセージが表示されたら、[OK]をタッチします。次の画面でも[OK]をタッチします。

MEMO 迷惑電話ストップサービスを活用する

手順⑦の画面で[着信番号拒否登録]→[OK]の順にタッチすると、最後に着信した相手の電話番号を着信拒否リストに登録できます。間違えて登録したときは、手順⑦の画面で[最終登録番号削除]→[OK]の順にタッチすると、最後に登録した電話番号だけ解除できます。

Section **19**

通知音や着信音を変更する

メールの通知音と電話の着信音は、設定メニューから変更できます。また、電話の着信音は、着信した相手ごとに個別に設定することもできます。

メールの通知音を変更する

① P.20を参考に設定メニューを開いて、[音とバイブレーション]をタッチします。

② 「音とバイブレーション」画面が表示されるので、[デフォルトの通知音]をタッチします。

③ 通知音のリストが表示されます。好みの通知音をタッチし、[OK]をタッチすると変更完了です。

MEMO

音楽を通知音や着信音に設定する

手順③の画面で[端末内のファイル]をタッチすると、R9に保存されている音楽を通知音や着信音に設定できます。

電話の着信音を変更する

① P.20を参考に設定メニューを開いて、[音とバイブレーション]をタッチします。

② 「音とバイブレーション」画面が表示されるので、[着信音]をタッチします。

③ 着信音のリストが表示されるので、好みの着信音を選んでタッチし、[OK]をタッチすると、着信音が変更されます。

MEMO 着信音の個別設定

着信相手ごとに、着信音を変えることができます。P.56を参考に連絡先の「プロフィール」画面を表示して、画面右上の■→[着信音を設定]の順にタッチします。ここで好きな着信音をタッチして、[OK]をタッチすると、その連絡先からの着信音を設定できます。

Section **20**

操作音やマナーモードを設定する

Application

音量は設定メニューから変更できます。また、マナーモードはバイブレーションがオン／オフの2つのモードがあります。なお、マナーモード中でも、動画や音楽などの音声は消音されません。

音楽やアラームなどの音量を調節する

(1) P.20を参考に設定メニューを開いて、[音とバイブレーション] をタッチします。

(2) 「音とバイブレーション」画面が表示されます。「メディアの音量」の○を左右にドラッグして、音楽や動画の音量を調節します。

(3) 手順②と同じ方法で、「着信音の音量」「通知の音量」「アラームの音量」も調節できます。

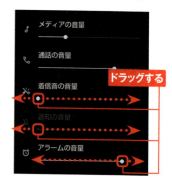

(4) 画面左上の←をタッチして、設定を完了します。

62

マナーモードを設定する

① 本体の右側面にある音量UP／DOWNキーを押します。

② ポップアップが表示されるので、[マナー OFF] をタッチします。

③ メニューが表示されます。ここでは[ミュート]をタッチします。

④ マナーモードがオンになり、着信音や操作音は鳴らず、着信時などにバイブレータも動作しなくなります（アラームや動画、音楽は鳴ります）。

操作音のオン／オフを設定する

① P.20を参考に設定メニューを開いて、[音とバイブレーション]をタッチします。

② 「音とバイブレーション」画面を上方向へフリックします。

③ 設定を変更したい操作音(ここでは[ダイヤルパッドの操作音])をタッチします。

④ ● が ○ に変わり、操作音がオフになります。同様にして、画面ロック音やタッチ操作音のオン／オフを切り替えできます。

Chapter

3

インターネットと
メールを利用する

Section 21　Webページを閲覧する

Section 22　Webページを検索する

Section 23　複数のWebページを同時に開く

Section 24　ブックマークを利用する

Section 25　R9で使えるメールの種類

Section 26　ドコモメールを設定する

Section 27　ドコモメールを利用する

Section 28　メールを自動振分けする

Section 29　迷惑メールを防ぐ

Section 30　＋メッセージを利用する

Section 31　Gmailを利用する

Section 32　PCメールを設定する

Section **21**

Webページを閲覧する

R9では、「Chrome」アプリでWebページを閲覧できます。
Googleアカウントでログインすることで、パソコン用の「Google Chrome」とブックマークや履歴を共有できます。

Webページを表示する

① ホーム画面で ◯ をタッチします。初回起動時はアカウントの確認画面が表示されるので、[同意して続行]をタッチし、「Chromeにログイン」画面でアカウントを選択して[続行]→[OK]の順にタッチします。

② 「Chrome」アプリが起動して、Webページが表示されます。URL入力欄が表示されない場合は、画面を下方向にフリックすると表示されます。

③ URL入力欄をタッチし、URLを入力して、→ をタッチします。

④ 入力したURLのWebページが表示されます。

Webページを移動する

① Webページの閲覧中にリンク先のページに移動したい場合、ページ内のリンクをタッチします。

② ページが移動します。◀をタッチすると、タッチした回数分だけページが戻ります。

③ 画面右上の⋮をタッチして、→をタッチすると、前のページに進みます。

④ 画面右上の⋮をタッチして、⟳をタッチすると、表示しているページが更新されます。

Section **22**

Webページを検索する

「Chrome」アプリのURL入力欄に文字列を入力すると、Google検索が利用できます。また、Webページ内の文字を選択して、Google検索を行うことも可能です。

キーワードを入力してWebページを検索する

① Webページを開いた状態で、URL入力欄をタッチします。

② 検索したいキーワードを入力して、→をタッチします。

③ Google検索が実行され、検索結果が表示されます。開きたいページのリンクをタッチします。

④ リンク先のページが表示されます。手順③の検索結果画面に戻る場合は、◀をタッチします。

キーワードを選択してWebページを検索する

1 Webページ内の単語をロングタッチします。

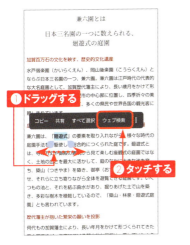

2 単語の左右の●●をドラッグして、検索ワードを選択します。表示されたメニューの[ウェブ検索]をタッチします。

3 検索結果が表示されます。上下にスライドしてリンクをタッチすると、リンク先のページが表示されます。

MEMO ページ内検索

「Chrome」アプリでWebページを表示し、■→[ページ内検索]の順にタッチします。表示される検索バーにテキストを入力すると、ページ内の合致したテキストがハイライト表示されます。

Section 23

複数のWebページを同時に開く

Application

「Chrome」アプリでは、タブの切り替えで複数のWebページを同時に開くことができます。複数のページを交互に参照したいときや、常に表示しておきたいページがあるときに利用すると便利です。

Webページを新しいタブで開く

(1) URL入力欄を表示して、■をタッチします。

(2) [新しいタブ] をタッチします。

(3) 新しいタブが表示されます。

MEMO リンクを新しいタブで開くには

ページ内のリンクをロングタッチし、[新しいタブをグループで開く] をタッチすると、リンク先のWebページが新しいタブで開きます。

表示するタブを切り替える

① 複数のタブを開いた状態で、タブ切り替えアイコンをタッチします。

② 現在開いているタブの一覧が表示されるので、表示したいタブをタッチします。

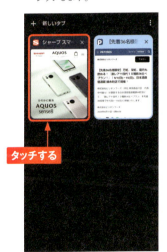

③ 表示するタブが切り替わります。

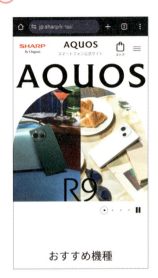

MEMO タブを閉じるには

不要なタブを閉じたいときは、手順②の画面で、閉じたいタブの×をタッチします。

Section 24

ブックマークを利用する

「Chrome」アプリでは、WebページのURLを「ブックマーク」に追加し、好きなときにすぐに表示することができます。よく閲覧するWebページはブックマークに追加しておくと便利です。

ブックマークを追加する

(1) ブックマークに追加したいWebページを表示して、■をタッチします。

(2) ☆をタッチします。

(3) ブックマークが追加されます。[編集]をタッチします。

(4) 名前や保存先のフォルダなどを編集し、←をタッチします。

MEMO ホーム画面にショートカットを配置するには

手順②の画面で[ホーム画面に追加]をタッチすると、表示しているWebページのショートカットをホーム画面に配置できます。

ブックマークからWebページを表示する

(1) 「Chrome」アプリを起動し、URL入力欄を表示して、■をタッチします。

タッチする

(2) [ブックマーク]をタッチします。

タッチする

(3) 「ブックマーク」画面が表示されるので、閲覧したいブックマークをタッチします。

(4) ブックマークに追加したWebページが表示されます。

MEMO ブックマークの削除

手順③の画面で削除したいブックマークの■をタッチし、[削除]をタッチすると、ブックマークを削除できます。

Section 25

R9で使える
メールの種類

R9では、ドコモメール（@docomo.ne.jp）やSMS、+メッセージ
を利用できるほか、Gmailなどのパソコンのメールも使えます。

ドコモメール

NTTドコモの提供するメールです。「@docomo.ne.jp」のアドレスが使えます。iモードと同じアドレスが使用可能です。

SMSと+メッセージ

相手の携帯電話番号宛にメッセージを送信します。従来のSMSとそれを拡張した+メッセージ（P.75 MEMO参照）を利用できます。

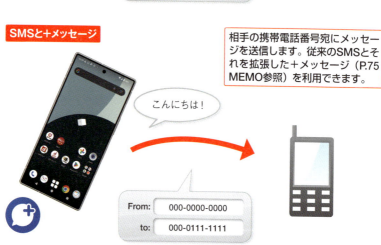

MEMO ＋メッセージについて

＋メッセージは、従来のSMSを拡張したものです。宛先に相手の携帯電話番号を指定するのはSMSと同じですが、文字だけしか送信できないSMSと異なり、スタンプや写真、動画などを送ることができます。ただし、SMSは相手を問わず利用できるのに対し、＋メッセージは、相手も＋メッセージを利用している場合のみやり取りが行えます。相手が＋メッセージを利用していない場合は、SMSとしてテキスト文のみが送信されます。＋メッセージは、NTTドコモ、au、ソフトバンクのAndroidスマートフォンとiPhoneで利用できます。

Section 26

ドコモメールを設定する

Application

R9では「ドコモメール」を利用できます。ここでは、ドコモメールの初期設定方法を解説します。なお、ドコモショップなどで設定済みの場合は、ここでの操作は必要ありません。

ドコモメールの利用を開始する

① ホーム画面で◯をタッチします。

② アップデートの画面が表示された場合は、[アップデート]をタッチします。アップデートの完了後、[アプリ起動]をタッチします。

③ アクセス許可の説明が表示されたら、[次へ]をタッチします。アクセス許可の画面がいくつか表示されるので、それぞれ[許可]をタッチします。

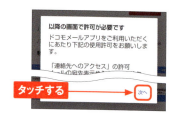

④ アプリケーションプライバシーポリシーとソフトウェア使用許諾の説明で[〜同意する]をタッチしてチェックを入れ、[利用開始]をタッチします。続いて、メッセージSの利用許諾の画面でも同様に操作します。

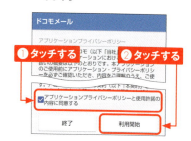

⑤ 「ドコモメールアプリ更新情報」画面で [閉じる] をタッチします。

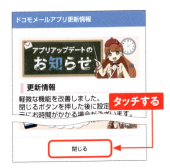

⑥ 「設定情報の復元」画面が表示された場合は、[設定情報を復元する] をタッチして、[OK] をタッチします。

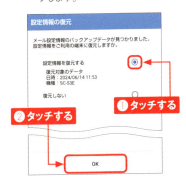

⑦ 「文字サイズ設定」画面の設定はあとからできるので(P.81MEMO参照)、[OK] をタッチします。

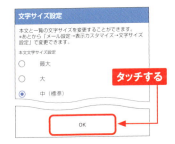

⑧ 「フォルダ一覧」画面が表示されて、ドコモメールを利用できる状態になります。フォルダの1つをタッチします。

⑨ 受信したメールが表示されます。次回から、P.76手順①で⌄をタッチすると、すぐに「ドコモメール」アプリが起動します。

77

ドコモメールのアドレスを変更する

① P.77手順⑧の「フォルダー覧」画面を表示し、画面右下の[その他]→[メール設定]をタッチします。

② [ドコモメール設定サイト]をタッチします。

③ 「本人確認」画面が表示された場合は、dアカウントIDと電話番号を確認して[次へ]をタッチします。

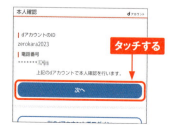

④ 「パスワード確認」画面が表示されたら、spモードパスワードを入力し、[spモードパスワード確認]をタッチします。

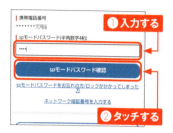

⑤ 「メール設定」画面で[メール設定内容の確認]をタッチします。

⑥ 「メールアドレス」の[メールアドレスの変更]をタッチします。

⑦ 表示された画面を上方向にスライドします。[自分で希望するアドレスに変更する] をタッチして、希望するメールアドレスを入力し、[確認する] をタッチします。

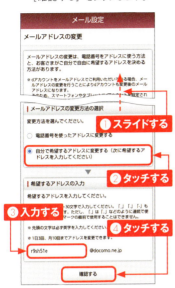

⑧ 入力したメールアドレスを確認して、[設定を確定する] をタッチします。メールアドレスを修正する場合は [修正する] をタッチします。

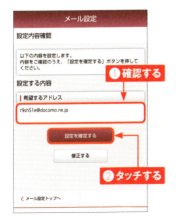

⑨ [メール設定トップへ] をタッチすると、「メール設定」画面に戻ります。この画面で迷惑メール対策などが設定できます（Sec.29参照）。設定が必要なければホーム画面に戻ります。

MEMO メールアドレスを引き継ぐには

すでに利用しているdocomo.ne.jpのメールアドレスがある場合は、同じメールアドレスを引き続き使用することができます。手順⑤の「メール設定」画面を上方向にスライドし、[メールアドレスの入替え] をタッチして、画面の表示に従って設定を進めましょう。

Section 27

ドコモメールを利用する

Application

P.78 〜 79で変更したメールアドレスで、ドコモメールを使ってみましょう。ほかの携帯電話とほとんど同じ感覚で、メールの閲覧や返信、新規作成が行えます。

ドコモメールを新規作成する

1. ホーム画面で✉をタッチします。

2. 「フォルダー覧」画面左下の [新規] をタッチします。「フォルダ一覧」画面が表示されていないときは、◀を何度かタッチします。

3. 新規メールの「作成」画面が表示されるので、🔲をタッチします。「To」欄に直接メールアドレスを入力することもできます。

4. 電話帳に登録した連絡先のメールアドレスが名前順に表示されるので、送信したい宛先をタッチしてチェックを付け、[決定] をタッチします。履歴から宛先を選ぶこともできます。

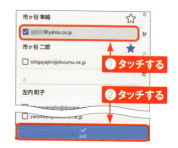

⑤ メールの「作成」画面に戻り、「件名」欄をタッチしてタイトルを入力します。「本文」欄をタッチします。

⑥ メールの本文を入力します。

⑦ [送信] をタッチすると、メールを送信できます。なお、[添付]をタッチすると、写真などのファイルを添付できます。

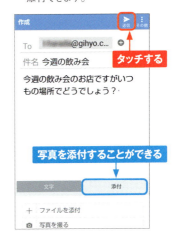

MEMO 文字サイズの変更

ドコモメールでは、メール本文や一覧表示時の文字サイズを変更することができます。P.80手順②で画面右下の[その他]をタッチし、[メール設定]→[表示カスタマイズ]→[文字サイズ設定]の順にタッチし、好みの文字サイズをタッチします。

受信したメールを閲覧する

1 メールを受信すると通知が表示されるので、✉をタッチします。

2 「フォルダー一覧」画面が表示されたら、[受信BOX]をタッチします。

3 受信したメールの一覧が表示されます。内容を閲覧したいメールをタッチします。

4 メールの内容が表示されます。宛先横の◯をタッチすると、宛先のアドレスと件名が表示されます。

MEMO　メールの削除

手順③の「受信BOX」画面で削除したいメールの左にある□をタッチしてチェックを付け、画面下部のメニューから[削除]をタッチすると、メールを削除できます。

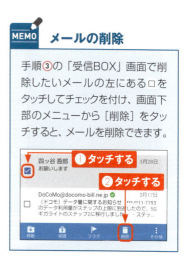

受信したメールに返信する

① P.82を参考に受信したメールを表示し、画面左下の[返信]をタッチします。

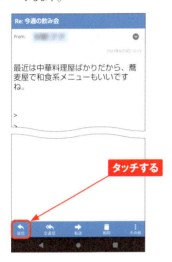

③ [送信]をタッチすると、返信のメールが相手に送信されます。

② メールの「作成」画面が表示されるので、相手に返信する本文を入力します。

MEMO フォルダの作成

ドコモメールではフォルダでメールを管理できます。フォルダを作成するには、「フォルダー覧」画面で画面右下の[その他]→[フォルダ新規作成]の順にタッチします。

Section 28

メールを自動振分けする

ドコモメールは、送受信したメールを自動的に任意のフォルダへ振分けることも可能です。ここでは、振分けのルールの作成手順を解説します。

振分けルールを作成する

(1) 「フォルダ一覧」画面で画面右下の[その他]をタッチし、[メール振分け]をタッチします。

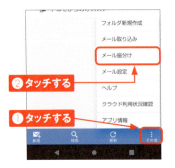

(2) 「振分けルール」画面が表示されるので、[新規ルール]をタッチします。

(3) [受信メール]または[送信メール]（ここでは[受信メール]）をタッチします。

MEMO 振分けルールの作成

ここでは、受信したメールを「差出人のメールアドレス」に応じてフォルダに振り分けるルールを作成しています。なお、手順(3)で[送信メール]をタッチすると、送信したメールの振分けルールを作成できます。

④ 「振分け条件」の[新しい条件を追加する]をタッチします。

⑤ 振分けの条件を設定します。「対象項目」のいずれか（ここでは[差出人で振り分ける]）をタッチします。

⑥ 任意のキーワード（ここでは差出人のメールアドレス）を入力して、[決定]をタッチします。

⑦ 手順④の画面に戻るので[フォルダ指定なし]→[振分け先フォルダを作る]をタッチします。

⑧ 10文字以内でフォルダ名を入力し、希望があればフォルダのアイコンを選択して、[決定]をタッチします。「確認」画面が表示されたら、[OK]をタッチします。

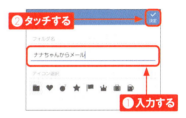

⑨ [決定]をタッチします。「振分け」画面が表示されたら、[はい]をタッチします。

⑩ 振分けルールが登録されます。

85

Section **29**

迷惑メールを防ぐ

ドコモメールでは、受信したくないメールをドメインやアドレス別に細かく設定することができます。スパムメールや怪しいメールの受信を拒否したい場合などに設定しておきましょう。

Application

迷惑メールフィルターを設定する

1 ホーム画面で✉をタッチします。

2 画面右下の［その他］をタッチし、［メール設定］をタッチします。

3 ［ドコモメール設定サイト］をタッチします。

MEMO 迷惑メールおまかせブロックとは

ドコモでは、迷惑メールフィルターの設定のほかに、迷惑メールを自動で判定してブロックする「迷惑メールおまかせブロック」という、より強力な迷惑メール対策サービスがあります。月額利用料金は200円ですが、これは「あんしんセキュリティ」の料金なので、同サービスを契約していれば、「迷惑メールおまかせブロック」も追加料金不要で利用できます。

④ 「パスワード確認」画面が表示されたら、spモードパスワードを入力して、[spモードパスワード確認]をタッチします。設定済みであれば、生体認証や画面ロックの暗証番号での認証もできます。

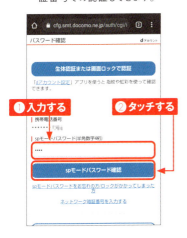

⑤ [利用シーンに合わせた設定]が展開されていない場合はタッチして展開し、[拒否リスト設定]をタッチします。

⑥ 「拒否リスト設定」の[設定を利用する]をタッチして、画面を上方向にスライドします。

⑦ 「登録済メールアドレス」の[さらに追加する]をタッチして、受信を拒否するメールアドレスを登録します。同様に、「登録済ドメイン」の[さらに追加する]をタッチすると、受信を拒否するドメインを登録できます。[確認する]→[設定を確定する]の順にタッチすると、設定が完了します。

Section **30**

＋メッセージを利用する

Application

「＋メッセージ」アプリでは、携帯電話番号を宛先にして、テキストや写真、ビデオ、スタンプなどを送信できます。「＋メッセージ」アプリを使用していない相手の場合は、SMSでやり取りが可能です。

＋メッセージとは

R9では、「＋メッセージ」アプリで＋メッセージとSMSが利用できます。＋メッセージでは文字が全角2,730文字、そのほかに100MBまでの写真や動画、スタンプ、音声メッセージをやり取りでき、グループメッセージや現在地の送受信機能もあります。パケットを使用するため、パケット定額のコースを契約していれば、とくに料金は発生しません。なお、SMSではテキストメッセージしか送れず、別途送信料もかかります。

また、＋メッセージは、相手も＋メッセージを利用している場合のみ利用できます。SMSと＋メッセージどちらが利用できるかは自動的に判別されますが、画面の表示からも判断することができます（下図参照）。

「＋メッセージ」アプリで表示される連絡先の相手画面です。＋メッセージを利用している相手には、↗が表示されます。プロフィールアイコンが設定されている場合は、アイコンが表示されます。

相手が＋メッセージを利用していない場合は、メッセージ画面の名前欄とメッセージ欄に「SMS」と表示されます（上図）。＋メッセージを利用している相手の場合は、何も表示されません（下図）。

＋メッセージを利用できるようにする

① ホーム画面を左方向にフリックし、[＋メッセージ] をタッチします。

② 初回起動時は、＋メッセージについての説明が表示されるので、内容を確認して、[次へ] をタッチしていきます。バックアップ連携のメッセージが表示されたら、[許可] をタッチします。

③ 利用条件に関する画面が表示されたら、内容を確認して、[同意して利用する] をタッチします。

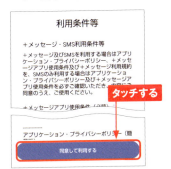

④ 「＋メッセージ」アプリについての説明が表示されたら、左方向にフリックしながら、内容を確認します。

⑤ 「プロフィール（任意）」画面が表示されます。名前などを入力し、[OK] をタッチします。プロフィールは設定しなくてもかまいません。

⑥ 「＋メッセージ」アプリが起動します。

メッセージを送信する

1 P.89手順①を参考にして、「+メッセージ」アプリを起動します。新規にメッセージを作成する場合は [メッセージ] をタッチして、⊕ をタッチします。

2 [新しいメッセージ] をタッチします。

3 「新しいメッセージ」画面が表示されます。送信先の電話番号を入力して、[直接指定] をタッチします。メッセージを送りたい相手をタッチして、選択することも可能です。

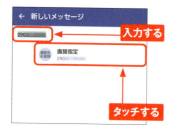

4 [メッセージ] をタッチして、メッセージを入力し、➤をタッチします。

5 メッセージが送信され、画面の右側に表示されます。

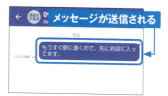

MEMO 写真やスタンプの送信

「+メッセージ」アプリでは、写真やスタンプを送信することもできます。写真を送信したい場合は、手順④の画面で⊕→🖼の順にタッチして、送信したい写真をタッチして選択し、➤をタッチします。スタンプを送信したい場合は、手順④の画面で☺をタッチして、送信したいスタンプをタッチして選択し、➤をタッチします。

相手のメッセージに返信する

① メッセージが届くと、ステータスバーに受信のお知らせ が表示されます。ステータスバーを下方向にドラッグします。

② ステータスパネルに表示されているメッセージの通知をタッチします。

③ 受信したメッセージが画面の左側に表示されます。メッセージを入力して、 をタッチすると、相手に返信できます。

MEMO 「メッセージ」画面からのメッセージ送信

「+メッセージ」アプリで相手とやり取りすると、「メッセージ」画面にやり取りした相手が表示されます。以降は、「メッセージ」画面から相手をタッチすることで、メッセージを送信できます。

Section **31**

Application

Gmailを利用する

R9にGoogleアカウントを登録すると（Sec.11参照）、すぐに
Gmailを利用できます。パソコンでラベルや振分け設定を行うこと
で、より便利に利用できます（P.93MEMO参照）。

受信したメールを閲覧する

1. ホーム画面のGoogleフォルダを開いて［Gmail］をタッチします。「Gmailの新機能」画面が表示された場合は、［OK］→［GMAILに移動］の順にタッチします。

2. 「メイン」画面が表示されます。画面を上方向にスライドして、読みたいメールをタッチします。

3. メールの差出人やメール受信日時、メール内容が表示されます。画面左上の←をタッチすると、受信トレイに戻ります。なお、↩をタッチすると、メールに返信することができます。

MEMO Googleアカウントの同期

Gmailを使用する前に、Sec.11を参考にR9に自分のGoogleアカウントを登録しておきましょう。P.35手順⑰の画面で「Gmail」をオンにしておくと、Gmailも自動的に同期されます。すでにGmailを使用している場合は、受信トレイの内容がそのままR9でも表示されます。

メールを送信する

① P.92を参考に「メイン」などの画面を表示して、[作成] をタッチします。

タッチする

② メールの「作成」画面が表示されます。[宛先] をタッチして、メールアドレスを入力します。「ドコモ電話帳」内の連絡先であれば、表示される候補をタッチします。

入力する

③ 件名とメールの内容を入力し、 をタッチすると、メールが送信されます。

❷タッチする

❶入力する

MEMO メニューの表示

「Gmail」の画面を左端から右方向にフリックすると、メニューが表示されます。メニューでは、「メイン」以外のカテゴリやラベルを表示したり、送信済みメールを表示したりできます。なお、ラベルの作成や振り分け設定は、パソコンのWebブラウザで「https://mail.google.com/」にアクセスして行います。

Section **32**

PCメールを設定する

「Gmail」アプリを利用すれば、パソコンで使用しているメールを送受信することができます。ここでは、PCメールの追加方法を解説します。

PCメールを設定する

1. あらかじめ、プロバイダーメールなどのアカウント情報を準備しておきます。「Gmail」アプリを起動し、≡をタップして、[設定] をタップします。

2. [アカウントを追加する] をタップします。

3. [その他] をタップします。

MEMO アカウント設定時の注意点

手順③の画面では、OutlookやYahoo、Exchangeなどのアカウント名をタップすることで、該当するアカウントをユーザー名とパスワードの入力だけで設定できます。なお、Yahoo!メールのアカウントは設定できないことがあるので、その場合は [その他] からPCメールと同様の手順で設定してください。

④ PCメールのメールアドレスを入力して、[次へ] をタップします。

⑤ アカウントの種類を選択します。ここでは、[個人用 (POP3)] をタップします。

⑥ パスワードを入力して、[次へ] をタップします。

⑦ ユーザー名や受信サーバーを入力して、[次へ] をタップします。

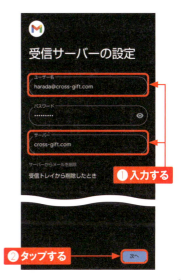

⑧ ユーザー名や送信サーバーを入力して、[次へ]をタップします。

⑨ 「アカウントのオプション」画面が設定されます。[次へ]をタップします。

⑩ アカウントの設定が完了します。[次へ]をタップします。

MEMO アカウントの表示切り替え

設定したアカウントに表示を切り替えるには、P.92手順②の画面で右上のアカウントのアイコンをタップし、切り替えたいアカウントをタップします。

Chapter 4

Googleのサービスを
使いこなす

Section 33　Googleのサービスとは

Section 34　Googleアシスタントを利用する

Section 35　アシスタントを活用する

Section 36　Google Playでアプリを検索する

Section 37　アプリをインストール・アンインストールする

Section 38　有料アプリを購入する

Section 39　Googleマップを使いこなす

Section 40　紛失したR9を探す

Section 41　YouTubeで世界中の動画を楽しむ

Section **33**

Googleのサービスとは

Googleは地図、ニュース、動画などのさまざまなサービスをインターネットで提供しています。専用のアプリを使うことで、Googleの提供するこれらのサービスをかんたんに利用することができます。

Googleのサービスでできること

GmailはGoogleの代表的なサービスですが、そのほかにも地図、ニュース、動画、SNS、翻訳など、さまざまなサービスを無料で提供しています。また、連絡先やスケジュール、写真などの個人データをGoogleのサーバーに保存することで、パソコンやタブレット、ほかのスマートフォンとデータを共有することができます。

Googleのサービスと対応アプリ

Googleのほとんどのサービスは、Googleが提供している標準のアプリを使って利用できます。最初からインストールされているアプリ以外は、Google Playからダウンロードします（Sec.36 〜 38参照）。また、Google製以外の対応アプリを利用することもできます。

サービス名	対応アプリ	サービス内容
Google Play	Playストア	各種コンテンツ（アプリ、書籍、映画、音楽）のダウンロード
Googleニュース	Googleニュース	ニュースや雑誌の購読
YouTube	YouTube	動画サービス
YouTube Music	YouTube Music（YT Music）	音楽の再生、オンライン上のプレイリストの再生など
Gmail	Gmail	Googleアカウントをアドレスにしたメールサービス
Googleマップ	マップ	地図・経路・位置情報サービス
Googleカレンダー	Googleカレンダー	スケジュール管理
Google ToDoリスト	ToDoリスト	タスク（ToDo）管理
Google翻訳	Google翻訳	多言語翻訳サービス（音声入力対応）
Googleフォト	Googleフォト	写真・動画のバックアップ
Googleドライブ	Googleドライブ	文書作成・管理・共有サービス
Googleアシスタント	Google	話しかけるだけで、情報を調べたり端末を操作したりできるサービス
Google Keep	Google Keep	メモ作成サービス

 Googleのサービスとドコモのサービスのどちらを使う？

「ドコモ電話帳」アプリと「スケジュール」アプリのデータの保存先は、Googleとドコモで同様のサービスを提供しているため、どちらか1つを選ぶ必要があります。ふだんからGoogleのサービスを利用していて、それらのデータを連携させたい人はGoogleを、Googleのサービスはあまり利用していないという人はドコモを選ぶとよいでしょう。
Googleのサービスを利用する場合は、連絡先の保存先（P.53手順②参照）でGoogleアカウントを選び、スケジュール管理には「Googleカレンダー」アプリを使いましょう。一方、ドコモを利用する場合は、連絡先の保存先に「docomo」を選び、スケジュール管理に「スケジュール」アプリを使います。

Section **34**

Googleアシスタントを利用する

R9では、Googleの音声アシスタントサービス「Googleアシスタント」を利用できます。ホームキーをロングタッチするだけで起動でき、音声でさまざまな操作をすることができます。

Googleアシスタントの利用を開始する

① ●をロングタッチします。

② Googleアシスタントの開始画面が表示されます。

③ Googleアシスタントが利用できるようになります。

MEMO 音声でアシスタントを起動する

音声を登録すると、R9の起動中に「OK Google（オーケーグーグル）」もしくは「Hey Google（ヘイグーグル）」と発声して、すぐにGoogleアシスタントを使うことができます。設定メニューで、［Google］→［Googleアプリの設定］→［検索、アシスタントと音声］→［Googleアシスタント］→［OK GoogleとVoice Match］→［使ってみる］の順にタッチして、画面に従って音声を登録します。

Googleアシスタントへの問いかけ例

Googleアシスタントを利用すると、語句の検索だけでなく予定やリマインダーの設定、電話やメールの発信など、R9に話しかけることでさまざまな操作ができます。まずは、「何ができる?」と聞いてみましょう。

● 調べ物

「1ヤードは何メートル?」
「ChatGPTってなに?」
「明日の天気は?」

● スポーツ

「次のサッカーの試合は?」
「セ・リーグの順位表は?」
「FIFAランキングを教えて」

● 経路案内

「日本武道館への行き方は?」
「新三河島駅へ行きたい」
「ステーキが食べたい」

● 楽しいこと

「モモイロインコの鳴き声は?」
「今日の運勢は?」
「おすすめのマンガはある?」

タッチして話しかける

 Googleアシスタントから利用できないアプリ

たとえば、Googleアシスタントで「○○さんにメールして」と話しかけると、「Gmail」アプリ(Sec.31参照)が起動し、ドコモの「ドコモメール」アプリ(Sec.26参照)は利用できません。このように、GoogleアシスタントではGoogleのアプリが優先されるため、一部のアプリはGoogleアシスタントからは利用できません。

Section **35**

アシスタントを活用する

Googleアシスタントの「ルーティン」を設定すると、ひと言で複数の操作を行うことができます。また、R9ではGoogleアシスタントの代わりに、新しいAIアシスタント「Gemini」を利用できます。

アプリを操作する

(1) ホーム画面で［Google］→［Google］をタップし、右上のユーザーアイコン →［設定］→［Googleアシスタント］の順にタップします。

(2) ［ルーティン］をタップします。

(3) 初めての場合は［始める］をタップし、設定したい掛け声（ここでは［おはよう］）をタップします。

(4) 追加したい操作を選択して［保存］をタップすると設定が完了します。なお、手順(3)の画面で［新規］をタップすると、新規にルーティンを作成できます。

新しいAIアシスタント（Gemini）を利用する

① 「Google」アプリを起動し、右上のアカウントアイコンをタップして［設定］をタップします。

② ［Gemini］をタップします。

③ ［Gemini］をタップします。確認の画面が表示されたら、［切り替える］→［Geminiを利用］をタップします。

MEMO アシスタントを切り替える

手順①の設定画面から［Googleアシスタント］→［Googleのデジタルアシスタント］の順にタップすると、「Googleアシスタント」と「Gemini」を切り替えることができます。

Section **36**

Google Playで
アプリを検索する

Application

Google Playで公開されているアプリをR9にインストールすることで、さまざまな機能を利用できるようになります。まずは、目的のアプリを探す方法を解説します。

アプリを検索する

① ホーム画面で[Playストア]をタッチします。

② 「Playストア」アプリが起動するので、[アプリ]をタッチし、[カテゴリ]をタッチします。

③ アプリのカテゴリが表示されます。画面を上下にスライドします。

④ アプリを探したいジャンル(ここでは[ツール])をタッチします。

⑤ 「ツール」に属するアプリが表示されます。上方向にスライドし、「人気のツールアプリ（無料）」の→をタッチします。

⑥ 「無料」のアプリが一覧で表示されます。詳細を確認したいアプリをタッチします。

⑦ アプリの詳細な情報が表示されます。人気のアプリでは、ユーザーレビューも読めます。

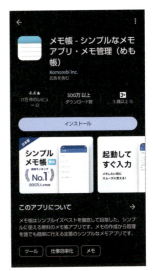

MEMO キーワードでの検索

Google Playでは、キーワードからアプリを検索できます。検索機能を利用するには、手順②の画面で［検索］をタッチしてキーワードを入力し、キーボードのをタッチします。

Section **37**

アプリをインストール・アンインストールする

Google Playで目的の無料アプリを見つけたら、インストールしてみましょう。なお、不要になったアプリは、Google Playからアンインストール（削除）できます。

アプリをインストールする

① Google Playでアプリの詳細画面を表示し（P.105手順⑥～⑦参照）、［インストール］をタッチします。

② アプリのダウンロードとインストールが開始されます。

③ アプリのインストールが完了します。アプリを起動するには、［開く］をタッチするか、ホーム画面に追加されたアイコンをタッチします。

MEMO ホーム画面にアイコンを追加しない設定

ホーム画面にアイコンを追加したくない場合は、ホーム画面の何もないところをロングタッチし、［ホーム設定］→［ホーム画面にアプリのアイコンを追加］の順にタッチして、⬤▬を▬⬤にします。

アプリをアップデートする／アンインストールする

●アプリをアップデートする

(1) 「Google Play」のトップ画面で右上のアカウントアイコンをタッチし、表示される画面の［アプリとデバイスの管理］をタッチします。

(2) アップデート可能なアプリがある場合、「アップデート利用可能」と表示されます。［すべて更新］をタッチすると、アプリが一括で更新されます。

●アプリをアンインストールする

(1) 左側の手順②の画面で［管理］をタッチし、アンインストールしたいアプリをタッチします。

(2) アプリの詳細が表示されます。［アンインストール］をタッチし、確認画面で［アンインストール］をタッチすると、アプリがアンインストールされます。

MEMO ドコモのアプリのアップデートとアンインストール

ドコモで提供されているアプリは、上記の方法ではアップデートやアンインストールが行えないことがあります。詳しくは、P.154を参照してください。

Section **38**

有料アプリを購入する

有料アプリを購入する場合、「NTTドコモの決済を利用」「クレジットカード」「Google Playギフトカード」などの支払い方法が選べます。ここでは、クレジットカードを登録する方法を解説します。

クレジットカードで有料アプリを購入する

(1) Google Playで有料アプリを選択し、アプリの価格が表示されたボタンをタッチします。

(2) [カードを追加] をタッチします。

(3) 登録画面で「カード番号」と「有効期限」、「CVCコード」を入力します。

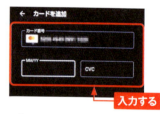

> **MEMO Google Play ギフトカード**
>
> コンビニなどで販売されている「Google Playギフトカード」を利用すると、プリペイド方式でアプリを購入できます。クレジットカードを登録したくないときに使うと便利です。Google Playギフトカードを利用するには、P.107左の手順②の画面で [お支払いと定期購入] → [お支払い方法] → [コードの利用] の順にタッチし、カードに記載されているコードを入力して、[コードを利用] をタッチします。

④ [クレジットカード所有者の名前]、[国名]、[郵便番号]を入力し、[保存]をタッチします。

❶入力する
❷タッチする

⑤ [1クリックで購入]をタッチします。

タッチする

⑥ Googleアカウントのパスワードを要求された場合は、入力して[確認]をタッチします。Google Play Passの案内が表示されたら、[スキップ]または[確認する]をタッチします。

❶入力する　❷タッチする

⑦ アプリのダウンロードとインストールが開始します。

MEMO 購入したアプリを払い戻す

有料アプリは、購入してから2時間以内であれば、Google Playから返品して全額払い戻しを受けることができます。P.107右側の手順①～②を参考に、購入したアプリの詳細画面を表示し、[払い戻し]をタッチして、次の画面で[払い戻しをリクエスト]をタッチします。なお、払い戻しできるのは、1つのアプリにつき1回だけです。

タッチする

Section **39**

Googleマップを使いこなす

Googleマップを利用すれば、自分の今いる場所や、現在地から目的地までの道順を地図上に表示できます。なお、Googleマップのバージョンによっては、本書と表示内容が異なる場合があります。

「マップ」アプリを利用する準備を行う

1. P.20を参考に「設定」アプリを起動して、[位置情報] をタッチします。

2. [位置情報を使用] が ● の場合はタッチします。位置情報についての同意画面が表示されたら、[同意する] をタッチします。

3. ● に切り替わったら、[位置情報サービス] をタッチします。

4. 「位置情報の精度」「Wi-Fiスキャン」「Bluetoothのスキャン」の設定がONになっていとると位置情報の精度が高まります。その分バッテリーを消費するので、タッチして設定を変更することもできます。

現在地を表示する

① ホーム画面で [Google] → [マップ] とタッチします。

② 「マップ」アプリが起動します。◇をタッチします。

③ 初回はアクセス許可の画面が表示されるので、[正確] をタッチし、[アプリの使用時のみ] をタッチします。

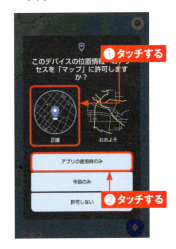

④ 現在地が表示されます。地図の拡大はピンチアウト、縮小はピンチインで行います。スクロールすると表示位置を移動できます。

目的の施設を検索する

① 施設を検索したい場所を表示し、検索ボックスをタッチします。

② 探したい施設名などを入力し、🔍 をタッチします。

③ 該当する施設が一覧で表示されます。上下にスクロールして、表示したい施設名をタッチします。

④ 選択した施設の情報が表示されます。上下にスクロールすると、より詳細な情報を表示できます。

目的地までのルートを検索する

1 P.112を参考に目的地を表示し、[経路]をタッチします。

2 移動手段(ここでは🚃)をタッチします。出発地を現在地から変えたい場合は、[現在地]をタップして変更します。ルートが一覧表示されるので、利用したいルートをタッチします。

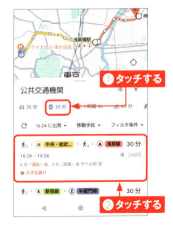

3 目的地までのルートが地図で表示されます。画面下部を上方向へスクロールします。

4 ルートの詳細が表示されます。下方向へスクロールすると、手順③の画面に戻ります。◀を何度かタッチすると、地図に戻ります。

MEMO ナビの利用

手順④の画面に表示される[ナビ開始]をタッチすると、目的地までのルートを音声ガイダンス付きで案内してくれます。

Section **40**

紛失したR9を探す

R9を紛失した場合、パソコンからR9がある場所を確認できます。
この機能を利用するには、事前に位置情報を有効にしておく必要
があります（P.110参照）。

「デバイスを探す」を設定する

(1) ホーム画面でアプリ一覧ボタンをタッチし、[設定] をタッチします。

(2) 設定メニューで [セキュリティとプライバシー] をタッチします。

(3) 「セキュリティとプライバシー」画面で [デバイスを探す] をタッチします。

(4) [「デバイスを探す」を使用] が ◯● の場合は、タッチして ●◯ にします。

パソコンでR9を探す

(1) パソコンのWebブラウザでGoogleの「Googleデバイスを探す」(https://android.com/find) にアクセスします。

(2) ログイン画面が表示されたら、Sec.11で設定したGoogleアカウントを入力し、[次へ]をクリックします。Googleアカウントのパスワードの入力を求められたらパスワードを入力し、[次へ]をクリックします。

(3) 「デバイスを探す」画面で[同意する]クリックすると、地図が表示され、現在R9があるおおよその位置を確認できます。画面左上の項目をクリックすると、現地にあるR9で音を鳴らしたり、ロックをかけたり、端末内のデータを初期化したりできます。

Section 41

YouTubeで世界中の動画を楽しむ

Application

世界最大の動画共有サイトであるYouTubeの動画は、R9でも視聴することができます。高画質の動画を再生可能で、一時停止や再生位置の変更も行えます。

YouTubeの動画を検索して視聴する

1. ホーム画面でGoogleフォルダをタッチして開き、[YouTube]をタッチします。確認画面で[許可]をタッチします。

2. 通知や新機能に関する画面が表示された場合は、画面の指示に従ってタッチします。初めての場合は「まずは検索してみましょう」と表示されます。

3. 検索したいキーワード（ここでは「アズマヒキガエル」）を入力して、🔍をタッチします。

4. 検索結果の中から、視聴したい動画のサムネイルをタッチします。

⑤ 動画が再生されます。ステータスパネル（P.17参照）の[自動回転]をタッチしてオンにすると、本体が横向きの場合に全画面表示になります。画面をタッチします。

⑥ メニューが表示されます。⏸をタッチすると一時停止します。⌄をタッチします。

⑦ 再生画面がウィンドウ化され、動画を再生しながら視聴したい動画の選択操作ができます。動画再生を終了するには✕をタッチするか、◀を何度かタッチしてYouTubeを終了します。

YouTubeの操作

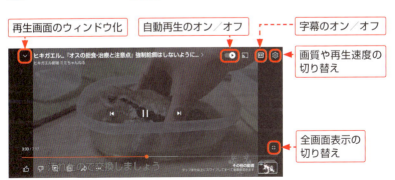

MEMO そのほかのGoogleサービスアプリ

本章で紹介した以外にも、さまざまなGoogleサービスのアプリがあります。あらかじめR9にインストールされているアプリのほか、Google Playで無料で公開されているアプリも多いので、ぜひ試してみてください。

Google翻訳

100種類以上の言語に対応した翻訳アプリ。音声入力やカメラで撮影した写真の翻訳も可能。

Google One

写真、動画、ファイルなどを保存できる追加のストレージサービス（月額250円～）。

Googleドライブ

無料で15GBの容量が利用できるオンラインストレージアプリ。ファイルの保存・共有・編集ができる。

Googleカレンダー

Web上のGoogleカレンダーと同期し、同じ内容を閲覧・編集できるカレンダーアプリ。

Chapter
5

音楽や写真、動画を楽しむ

Section 42 パソコンから音楽・写真・動画を取り込む
Section 43 本体内の音楽を聴く
Section 44 写真や動画を撮影する
Section 45 カメラの撮影機能を活用する
Section 46 Googleフォトで写真や動画を閲覧する
Section 47 Googleフォトを活用する

Section **42**

パソコンから音楽・写真・動画を取り込む

R9はUSB Type-Cケーブルでパソコンと接続して、本体メモリやmicroSDカードに各種ファイルを転送することができます。お気に入りの音楽や写真、動画を取り込みましょう。

パソコンとR9を接続する

① パソコンとR9をUSB Type-Cケーブルで接続します。パソコンでドライバーソフトのインストール画面が表示された場合はインストール完了まで待ちます。R9のステータスバーを下方向にドラッグします。

② [このデバイスをUSBで充電中] をタップします。

③ 通知が展開されるので、再度 [このデバイスをUSBで充電中] をタップします。

④ 「USBの設定」画面が表示されるので、[ファイル転送] をタップすると、パソコンからR9にデータを転送できるようになります。

パソコンからファイルを転送する

(1) パソコンでエクスプローラーを開き、「PC」にある [SH-51E] をクリックします。

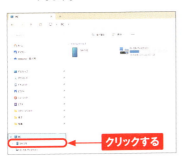

クリックする

(2) [内部共有ストレージ] をダブルクリックします。microSDカードをR9に挿入している場合は、「disk」と「内部共有ストレージ」が表示されます。

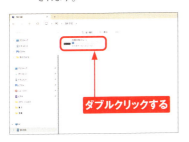

ダブルクリックする

(3) R9内のフォルダやファイルが表示されます。

表示される

(4) パソコンからコピーしたいファイルやフォルダをドラッグします。ここでは、写真ファイルが入っている「リスザル」というフォルダを「Pictures」フォルダにコピーします。

ドラッグする

(5) コピーが完了したら、パソコンからUSB Type-Cケーブルを外します。画面はコピーしたファイルをR9の「フォト」アプリで表示したところです。

Section **43**

本体内の音楽を聴く

R9では、音楽の再生や音楽情報の閲覧などができる「YT Music」アプリを利用できます。ここでは、本体に取り込んだ曲のファイルを再生する方法を紹介します。

Application

本体内の音楽ファイルを再生する

① アプリ一覧画面を開き、[YT Music] をタッチします。

② Googleアカウント(Sec.11参照) にログインしていない場合はこの画面が表示されます。[ログイン] → [アカウントを追加] をタッチしてログインします。ログインしている場合は③に進みます。

③ 初回起動時には、有料プランの案内が表示されます。ここでは、右上の×をタッチします。「好きなアーティストを5組選択してください」画面が表示された場合は、[完了] をタッチします。

④ YouTube Musicのホーム画面が表示されます。

⑤ YouTube Musicのホーム画面の下部にある[ライブラリ]をタッチします。

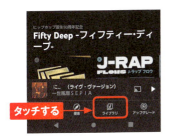

⑥ 再度[ライブラリ]をタッチします。表示されたメニューの[デバイスのファイル]をタッチします。権限の許可画面が表示されたら[許可]をタッチします。

⑦ 本体内に保存された曲のリストが表示されるので、聴きたい曲をタッチします。

⑧ 曲が再生されます。画面を下方向にスライドします。

⑨ 再生画面がウィンドウ化され、曲の選択操作ができます。

Section **44**

写真や動画を撮影する

R9には高性能なカメラが搭載されています。さまざまなシーンで自動で最適の写真や動画が撮れるほか、モードや設定を変更することで、自分好みの撮影ができます。

写真を撮影する

① ホーム画面で[カメラ]をタッチします。はじめてカメラを起動したときは、カメラの機能の説明や写真の保存先の確認画面が表示される場合があります。

② 写真を撮るときは、カメラが起動したらピントを合わせたい場所をタッチして、〇をタッチすると写真を撮影できます。また、ロングタッチすると、連続撮影ができます。

③ 撮影後、直前に撮影した写真のサムネイルが表示されます。サムネイルをタッチすると、撮影した写真が表示されます。◎をタッチすると、インカメラとアウトカメラを切り替えることができます。

動画を撮影する

(1) 動画を撮影するには、画面右端を上方向（横向き時。縦向き時は右方向）にスワイプして「ビデオ」に合わせるか、[ビデオ]をタッチします。

(2) 動画撮影モードになります。◉をタッチします。

(3) 動画の撮影が始まり、撮影時間が表示されます。撮影を終了するには、◻をタッチします。

(4) 「フォト」アプリ（P.134参照）のアルバムで動画を選択すると、動画が再生されます。

撮影画面の見かた

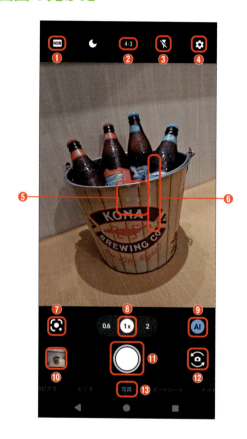

❶	HDR機能の動作中に表示	❽	ズーム倍率
❷	写真サイズ	❾	認識アイコン
❸	フラッシュ	❿	直前に撮影した写真のサムネイル
❹	設定	⓫	写真撮影（シャッターボタン）
❺	フォーカスマーク	⓬	イン／アウトカメラ切り替え
❻	明るさ調整バー	⓭	撮影モード
❼	Google Lensを起動		

ズーム倍率を変更する

(1) カメラのズーム倍率を上げるには、「カメラ」アプリの画面上でピンチアウトします。

(2) ズーム倍率は最大8.0倍まで上げることができます。ズーム倍率を下げるには、画面上をピンチインします。

(3) ズーム倍率は最小0.6倍まで下げることができます。ズーム倍率に応じて、標準カメラと広角カメラが自動で切り替わります。

(4) ズーム倍率のスライダー上をドラッグすることでも、ズーム倍率を変更できます。

Section **45**

カメラの撮影機能を活用する

Application

R9のカメラには、自撮りをきれいに撮れる機能や、撮影した被写体やテキストをすばやく調べることができる機能などがあり、活用すれば撮影をより楽しめます。

カメラの「設定」画面を表示する

① カメラを起動し、⚙をタッチします。

② カメラの「設定」画面が表示されます。[写真]をタッチすると、写真のサイズ変更、ガイド線の選択、インテリジェントフレーミング／オートHDR／QRコード・バーコード認識のオン・オフなどの設定ができます。

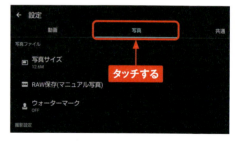

③ [動画]をタッチすると、動画のサイズ、画質とデータ量、手振れ補正／マイク設定／風切り音低減のオン・オフなどの設定ができます。なお、[共通]をタッチすると、写真と動画の共通の設定ができます。

📷 ガイド線を利用する

(1) P.128手順①〜②を参考にカメラの「設定」画面を表示して、[写真] → [ガイド線] の順でタッチします。

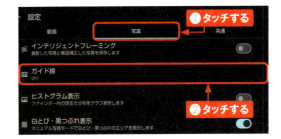

(2) 「ガイド線」画面に切り替わります。いろいろあるガイド線の1つをタッチすると、手順①の「設定」画面に戻るので、左上の←をタッチします。

(3) カメラの画面に戻ると、画面上にガイド線が表示されます。ガイド線を参考に写真の構図を決めて、○をタッチします。

(4) ガイド線はカメラの画面に表示されるだけで、撮影された写真には写りません。

写真の縦横比－サイズを変更する

① カメラの画面で⚙をタッチします。P.128手順②の「設定」画面が表示されたら、[写真サイズ]をタッチします。

② 初期状態の縦横比－サイズは「4:3－12.6M」が選択されているので、ここでは[16.9－9.4M]をタッチします。「設定」画面に戻るので、左上の←をタッチします。

③ カメラの画面に戻ります。手順②で選択した縦横比－サイズに応じて、カメラの画面の縦横比が変わります。○をタッチして写真を撮影します。

④ 選択した縦横比－サイズで写真が撮影されます。

Googleレンズで撮影したものをすばやく調べる

(1) カメラを起動し、■をタッチします。初回起動時はアクセス許可の画面で、[カメラを起動] → [アプリの起動時のみ] の順にタッチします。

(2) 調べたいものにカメラをかざし、◎をタッチします。

(3) 被写体の名前などの情報が表示されます。■を上方向にスライドします。

(4) さらに詳しい情報をWeb検索で調べることができます。

AIの自動認識をオンにする

(1) AIが自動認識したシーンや被写体に応じて、最適な画質やシャッタースピードで撮影できます。自動認識をオンにするには、[AI]をタッチします。

(2) アイコンの色が変化して、自動認識がオンになります。被写体を認識すると、被写体の種類が表示されます。

(3) 手順②の画面で被写体の種類をタッチすると、現在の被写体の認識が解除されます。

MEMO AIライブシャッター

P.124手順③の画面で[AIライブシャッター]をオンにすると、動画の撮影中にAIが被写体や構図を判断して、自動で写真を撮影します。動画の撮影中に〇をタッチして、手動で写真を撮影することもできます。

AIが認識する被写体やシーン

AIが認識する被写体やシーンは人物、動物、料理、花、夕景、黒板/白版などです。被写体の状態によっては、うまく認識できない場合もあります。

●**人物**

●**動物**

●**料理**

●**花**

●**夕景**

Section **46**

Googleフォトで写真や動画を閲覧する

カメラで撮影した写真や動画は「フォト」アプリで閲覧できます。「フォト」アプリは写真や動画を編集するほか、Googleドライブ上に自動的にバックアップする機能も備えています。

「フォト」アプリを起動する

① ホーム画面で [フォト] をタッチします。

② [バックアップをオンにする] をタッチすると、写真や動画がGoogleドライブにアップロードされます。次の画面で、[高画質] か [元のサイズ] を選びます。バックアップの設定は後から変更することもできます（P.139参照）。

③ 「フォト」アプリの画面が表示されます。写真や動画のサムネイルをタッチします。

④ 写真や動画が表示されます。

写真や動画を削除する

(1) 「フォト」アプリを起動して、削除したい写真をロングタッチします。

(2) 写真が選択されます。複数の写真を削除したい場合は、ほかの写真もタッチして選択しておきます。🗑をタッチし、「アイテムをゴミ箱に移動します」の説明が表示されたら［OK］をタッチします。

(3) ［ゴミ箱に移動］をタッチします。

(4) 選択した写真がゴミ箱に移動します。

MEMO 写真を完全に削除する

手順(4)の時点で写真はゴミ箱に移動しますが、まだ削除されていません。写真をGoogleフォトから完全に削除するには、手順(1)の画面で右下の［ライブラリ］→［ゴミ箱］の順でタッチし、「ゴミ箱」画面で🗑→［ゴミ箱を空にする］→［完全に削除］の順でタッチします。

写真を編集する

① 「フォト」アプリで写真を表示して、[編集]をタッチします。「Google Oneプラン」の説明が表示されたら、✕をタッチします。

② 写真を自動補正するには、[ダイナミック]、[補整]、[ウォーム]、[クール]のいずれかを選んでタッチします。

③ 編集が適用された写真が表示されます。いずれの編集の場合も、[キャンセル]をタッチすると編集をやり直すことができます。[保存]をタッチすると、もとの写真はそのままで、編集した写真のコピーが保存されます。

④ 写真のコピーが保存されました。

⑤ 手順①の画面で[切り抜き]をタッチすると、写真をトリミングしたり、回転させたりできます。

⑥ [調整]をタッチすると、明るさやコントラストの変更、肌の色の修正などができます。

⑦ [フィルタ]をタッチすると、各種のフィルタを適用して写真の雰囲気を変更できます。

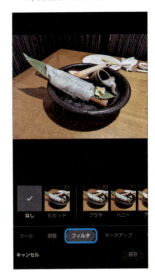

⑧ [もっと見る]をタッチすると、Photoshop Expressによる編集が可能です。Photoshop Expressを利用するには、Adobe IDを取得する必要があります。

動画を編集する

(1) 「フォト」アプリで動画を表示して、[編集] をタッチします。

(2) 画面の下部に表示されたフレームをタッチして場面を選び、[フレーム画像をエクスポート] をタッチすると、その場面が写真として保存されます。■をタッチすると、動画の手ブレを補整できます。

(3) 画面の下部に表示されたフレームの左右のハンドルをドラッグして、動画をトリミングすることができます。[コピーを保存] をタッチすると、新しい動画として保存されます。

MEMO 映像に効果を加える

手順②の画面で [切り抜き] [調整] [フィルタ] [マークアップ] などをタッチすると、写真と同じように映像に効果を加えることができます。

Section **47**

Googleフォトを活用する

「フォト」アプリでは、写真をバックアップしたり、写真を検索したりできる便利な機能が備わっています。また、写真は自動的にアルバムで分類されて、撮影した写真をかんたんにまとめてくれます。

Application

バックアップする写真の画質を確認する

(1) 「フォト」アプリで、右上のユーザーアイコンをタッチし、[フォトの設定]をタッチします。

(2) [バックアップ] をタッチします。

(3) [バックアップ] が ⚪ の場合はタッチします。

(4) ⚫ に切り替わり、バックアップと同期がオンになります。[バックアップの画質] をタッチします。

(5) [元の画質] はもとの画質で、[保存容量の節約画質] は画質を下げてGoogleドライブへ保存します。「節約画質」のほうがより多くの写真を保存できます。

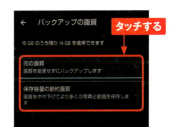

139

写真を検索する

① 「フォト」アプリを起動し、[検索]をタッチします。

② [写真を検索]欄に写真のキーワードを入力し、✓をタッチします。「写真の検索結果を改善するには」の確認画面が表示されたら、ここでは[利用しない]をタッチします。

③ キーワードに対応した写真の一覧が表示されます。

MEMO 写真内の文字で検索する

手順②の画面でキーワードを入力して、写真に写っている活字やフォントで、写真を検索することもできます。

Chapter

6

ドコモのサービスを
使いこなす

Section 48 　dメニューを利用する

Section 49 　my daizを利用する

Section 50 　My docomoを利用する

Section 51 　d払いを利用する

Section 52 　SmartNews for docomoでニュースを読む

Section 53 　ドコモのアプリをアップデートする

Section **48**

dメニューを利用する

R9では、NTTドコモのポータルサイト「dメニュー」を利用できます。
dメニューでは、ドコモのさまざまなサービスにアクセスしたり、
Webページやアプリを探したりすることができます。

Application

メニューリストからWebページを探す

(1) ホーム画面で［dメニュー］をタッチします。「dメニューお知らせ設定」画面が表示された場合は、［OK］をタッチします。

(2) 「Chrome」アプリが起動し、dメニューが表示されます。画面左上の≡をタッチします。

(3) ［メニューリスト］をタッチします。

MEMO dメニューとは

dメニューは、ドコモのスマートフォン向けのポータルサイトです。ドコモおすすめのアプリやサービスなどをかんたんに検索したり、利用料金の確認などができる「My docomo」(Sec.50参照)にアクセスしたりできます。

④ 画面を上方向にスクロールし、閲覧したいWebページのジャンルをタッチします。

⑤ 一覧から、閲覧したいWebページのタイトルをタッチします。アクセス許可が表示された場合は、[許可] をタッチします。

⑥ 目的のWebページが表示されます。◀を何回かタッチすると一覧に戻ります。

MEMO マイメニューの利用

P.142手順③で [マイメニュー] をタッチしてdアカウントでログインすると、「マイメニュー」画面が表示されます。登録したアプリやサービスの継続課金一覧、dメニューから登録したサービスやアプリを確認できます。

Section **49**

my daizを利用する

Application

「my daiz」は、話しかけるだけで情報を教えてくれたり、ユーザーの行動に基づいた情報を自動で通知してくれたりするサービスです。使い込めば使い込むほど、さまざまな情報を提供してくれます。

my daizの機能

my daizは、登録した場所やプロフィールに基づいた情報を表示してくれるサービスです。有料版を使用すれば、ホーム画面のmy daizのアイコンが先読みして教えてくれるようになります。また、直接my daizと会話して質問したり本体の設定を変更したりすることもできます。

●アプリで情報を見る

「my daiz」アプリで「NOW」タブを表示すると、道路の渋滞情報を教えてくれたり、帰宅時間に雨が降りそうな場合に傘を持っていくよう提案してくれたりなど、ユーザーの登録した内容と行動に基づいた情報が先読みして表示されます。

●my daizと会話する

「my daiz」アプリを起動して「マイデイズ」と話しかけると、対話画面が表示されます。マイクアイコンをタッチして話しかけたり、文字を入力したりすることで、天気予報の確認や調べ物、アラームやタイマーなどの設定ができます。

my daizを利用できるようにする

① ホーム画面やロック画面でマチキャラをタッチします。

② 初回起動時は機能の説明画面が表示されます。[はじめる]→[次へ]の順にタッチし、[アプリの使用時のみ]をタッチし、[許可]を数回タッチします。さらに、画面の指示に従って進めます。

③ 初回は利用規約が表示されるので、上方向にスライドして「上記事項に同意する」のチェックボックスをタッチしてチェックを付け、[同意する]→[あとで設定]の順にタッチします。

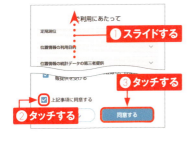

④ 「my daiz」が起動します。≡をタッチしてメニューを表示し、[設定]をタッチします。

⑤ [プロフィール]をタッチしてdアカウントのパスワードを入力すると、さまざまな項目の設定画面が表示されます。未設定の項目は設定を済ませましょう。

⑥ 手順④の画面で[設定]→[コンテンツ・機能]をタッチすると、ジャンル別にカードの表示や詳細を設定できます。

Section **50**

My docomoを利用する

Application

「My docomo」アプリでは、契約内容の確認・変更などのサービスが利用できます。利用の際には、dアカウントのパスワードやネットワーク暗証番号（P.36参照）が必要です。

契約情報を確認・変更する

(1) ホーム画面で［My docomo］をタッチします。表示されていない場合は、P.154を参考にアップデートを行います。インストールやアップデート、各種許可の画面が表示されたら、画面の指示に従って設定します。

(2) ［規約に同意して利用を開始］をタッチします。

(3) ［dアカウントでログイン］をタッチします。確認画面が表示されたら［OK］をタッチします。

(4) dアカウントのIDを入力し、［次へ］をタッチします。

5 パスワードを入力して、[ログイン] をタッチします。

6 2段階認証用のセキュリティコードが送られてくるので、入力して[次へ]をタッチします。

7 [ログイン] をタッチします。

8 確認画面で[OK]をタッチすると、dアカウントの設定が完了します。[OK] → [OK] とをタッチして進めます。

⑨ アプリのバックグラウンド実行についての確認画面が表示されます。ここでは[許可しない]をタッチします。

⑩ 「通知の受け取り」画面が表示されます。ここでは[今はしない]をタッチします。

⑪ 「パスコードロック機能の設定」画面が表示されます。ここでは[今はしない]をタッチします。

⑫ 「My docomo」のホーム画面が表示され、データ通信量や利用料金が確認できます。

料金プランやオプション契約を確認・変更する

●料金プランを変更する

(1) P.182を参考にWi-Fiをオフにしておきます。P.148手順⑫の画面で≡→［お手続き］→［契約・料金］→［契約プラン／料金プラン変更］→［お手続きする］の順にタッチします。

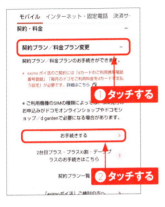

(2) dアカウントのログイン画面が表示された場合はログインすると、契約中の料金プランの確認と変更が行えます。

●オプション契約を変更する

(1) P.182を参考にWi-Fiをオフにしておきます。P.148手順⑫の画面で≡→［お手続き］→［オプション］の順にタッチします。

(2) 有料オプションの一覧が表示されます。オプション名をタッチし、［お手続きする］をタッチすることで、オプションの契約や解約が行えます。

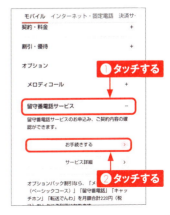

149

Section **51**

d払いを利用する

「d払い」は、NTTドコモが提供するキャッシュレス決済サービスです。お店でバーコードを見せるだけでスマホ決済を利用できるほか、Amazonなどのネットショップの支払いにも利用できます。

d払いとは

「d払い」は、以前からあった「ドコモケータイ払い」を拡張して、ドコモ回線ユーザー以外も利用できるようにした決済サービスです。ドコモユーザーの場合、支払い方法に電話料金合算払いを選べ、より便利に使えます（他キャリアユーザーはクレジットカードが必要）。

「d払い」アプリでは、バーコードを見せるか読み取ることで、キャッシュレス決済が可能です。支払い方法は、電話料金合算払い、d払い残高（ドコモ口座）、クレジットカードから選べるほか、dポイントを使うこともできます。

画面から［クーポン］をタッチすると、クーポンの情報が一覧表示されます。ポイント還元のキャンペーンはエントリー操作が必須のものが多いので、こまめにチェックしましょう。

d払いの初期設定を行う

(1) Wi-Fiに接続している場合はP.182を参考にオフにしてから、ホーム画面で[d払い]をタッチします。アップデートが必要な場合は、[アップデート]をタッチして、アップデートします。

(2) サービス紹介画面で[次へ]をタッチして、続けて[アプリの使用時のみ]をタッチします。

(3) 「ご利用規約」画面で[同意して次へ]をタッチして、「ログインして始めよう」画面で[dアカウントでログイン]をタッチします。

(4) 「ログイン」画面で、ネットワーク暗証番号を入力し、[ログイン] → [ログイン] → [次へ] → [許可]とタッチすると、設定が完了します。

MEMO dポイントカード

「d払い」アプリの画面右下の[dポイントカード]をタッチすると、モバイルdポイントカードのバーコードを表示できます。dポイントカードが使える店では、支払い前にdポイントカードを見せて、d払いで支払うことで、二重にdポイントを貯めることができます。

Section 52

SmartNews for docomoで ニュースを読む

SmartNews for docomoは、さまざまなニュースをジャンルごとに選んで読むことができるサービスです。天気情報やクーポン、dポイントがたまるキャンペーンの利用ができます。

好きなニュースを読む

(1) ホーム画面で◯をタッチします。

(2) 初回は確認画面が表示されるので、[はじめる]をタッチして、画面に従って進めます。

(3) 画面を左右にスワイプして、ニュースのジャンルを切り替え、読みたいニュースをタッチします。

(4) ニュースの内容が表示されます。[オリジナルサイトで読む]をタッチします。

⑤ 元記事のあるWebページが表示され、オリジナルサイトの記事を読むことができます。←をタッチしてニュースの一覧画面に戻ります。

⑥ 画面下の[天気]をタッチすると、現在地などの天気情報を確認することができます。

⑦ 画面下の[クーポン]をタッチすると、クーポン、dポイントが当たるキャンペーン情報などのお得な情報が表示されます。

⑧ 画面下の[検索]をタッチすると、指定したキーワードに関する記事を検索することができます。

Section **53**

ドコモのアプリを
アップデートする

ドコモから提供されているアプリの一部は、Google Playではアップデートできない場合があります。ここでは、「設定」アプリからドコモアプリをアップデートする方法を解説します。

ドコモのアプリをアップデートする

(1) P.20を参考に「設定」アプリを起動して、[ドコモのサービス/クラウド] → [ドコモアプリ管理] の順にタッチします。

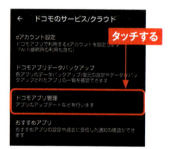

(2) パスワードを求められたら、パスワードを入力して[OK]をタッチします。アップデートできるドコモアプリの一覧が表示されるので、[すべてアップデート] をタッチします。

(3) それぞれのアプリで「ご確認」画面が表示されたら、[同意する] をタッチします。

(4) [複数アプリのダウンロード] 画面が表示されたら、[今すぐ]をタッチします。アプリのアップデートが開始されます。

MEMO ドコモアプリのアンインストール

ドコモのアプリをアンインストールしたい場合は、P.157を参考にホーム画面でアイコンをロングタッチし、[アプリ情報] → [アンインストール] をタッチします。

Chapter

7

R9を使いこなす

Section 54 ホーム画面をカスタマイズする
Section 55 壁紙を変更する
Section 56 不要な通知を表示しないようにする
Section 57 画面ロックに暗証番号を設定する
Section 58 指紋認証で画面ロックを解除する
Section 59 顔認証で画面ロックを解除する
Section 60 スクリーンショットを撮る
Section 61 スリープモードになるまでの時間を変更する
Section 62 リラックスビューを設定する
Section 63 電源キーの長押しで起動するアプリを変更する
Section 64 アプリのアクセス許可を変更する
Section 65 エモパーを活用する
Section 66 画面のダークモードをオフにする
Section 67 おサイフケータイを設定する
Section 68 バッテリーや通信量の消費を抑える
Section 69 Wi-Fiを設定する
Section 70 Wi-Fiテザリングを利用する
Section 71 Bluetooth機器を利用する
Section 72 R9をアップデートする
Section 73 R9を初期化する

Section 54

ホーム画面をカスタマイズする

ホーム画面には、アプリアイコンを配置したり、フォルダを作成してアプリアイコンをまとめたりできます。よく使うアプリのアイコンをホーム画面に配置して、使いやすくしましょう。

アプリアイコンをホーム画面に追加する

(1) アプリ一覧画面を表示します。ホーム画面に追加したいアプリアイコンをロングタッチして、[ホーム画面に追加]をタッチします。

(2) ホーム画面にアプリアイコンが追加されます。

(3) アプリアイコンをロングタッチしてそのままドラッグすると、好きな場所に移動することができます。

(4) アプリアイコンをロングタッチして、画面上部に表示される[削除]までドラッグすると、アプリアイコンをホーム画面から削除することができます。

ホーム画面にフォルダを作成する

① ホーム画面のアプリアイコンをロングタッチして、フォルダに追加したいほかのアプリアイコンの上にドラッグします。

② 確認画面が表示されるので、[作成する] をタッチします。

③ フォルダが作成されます。

④ フォルダをタッチすると開いて、フォルダ内のアプリアイコンが表示されます。

⑤ 手順④で [名前の編集] をタッチすると、フォルダに名前を付けることができます。

MEMO アイコンの削除とアプリのアンインストール

P.156手順④の画面で「削除」と「アンインストール」が表示される場合、「削除」にドラッグするとアプリアイコンは削除されますが、「アンインストール」にドラッグするとアプリそのものが削除（アンインストール）されます。

Section 55

壁紙を変更する

ホーム画面では、撮影した写真など、R9内に保存されている画像を壁紙に設定することができます。ロック画面の壁紙も同様の操作で変更することができます。

壁紙を変更する

(1) ホーム画面の何もないところをロングタッチします。

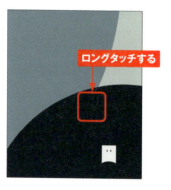

ロングタッチする

(2) 表示されたメニューの［壁紙］をタッチします。

タッチする

(3) ［フォト］をタッチし、［1回のみ］または［常時］をタッチします。

①タッチする
②タッチする

(4) 「写真を選択」画面では、ここでは［カメラ］をタッチします。

タッチする

⑤ 壁紙にする写真を選んでタッチします。許可に関する画面が表示されたら、[次へ] → [許可] の順でをタッチします。

⑥ 表示された写真上を上下左右にドラッグして位置を調整し、[保存] をタッチします。

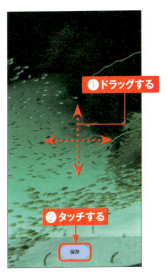

⑦ ここではホーム画面に壁紙を設定するので、[ホーム画面] をタッチします。[ロック画面] や [ホーム画面とロック画面]をタッチして、ロック画面の壁紙を設定することもできます。

⑧ ホーム画面の壁紙に写真が表示されます。

Section **56**

不要な通知を表示しないようにする

通知はホーム画面やロック画面に表示されますが、アプリごとに通知のオン／オフを設定することができます。また、ステータスパネルから通知を選択して、通知をオフにすることもできます。

アプリからの通知をオフにする

1 設定メニューで［通知］→［アプリの設定］の順でタッチします。

2 「アプリの通知」画面で［新しい順］→［すべてのアプリ］の順でタッチします。

3 通知をオフにしたいアプリ（ここでは［+メッセージ］）をタッチします。

4 ［〜のすべての通知］をタッチすると が に切り替わり、すべての通知が表示されなくなります。各項目をタッチして、個別に設定することもできます。

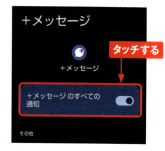

ロック画面に通知を表示しないようにする

① 設定メニューで[通知]をタッチし、「通知」画面を上方向にスクロールします。

スクロールする

② 「プライバシー」の[ロック画面上の通知]をタッチします。

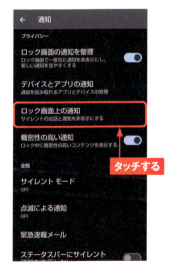

タッチする

③ 「ロック画面上の通知」画面で[通知を表示しない]をタッチします。

タッチする

④ 設定後、ロック画面には通知が表示されなくなります。これにより、電話の着信や予定など、第三者に見られたくない通知の表示を防止できます。

通知が表示されない

Section 57

画面ロックに暗証番号を設定する

Application

R9は暗証番号（PIN）を使用して画面にロックをかけることができます。なお、ロック画面の通知の設定が行われるので、変更する場合はP.161を参照してください。

画面ロックに暗証番号を設定する

① 設定メニューを開いて、[セキュリティとプライバシー] → [デバイスのロック解除] → [画面ロック] の順にタッチします。

② [PIN] をタッチします。「PIN」とは画面ロックの解除に必要な暗証番号のことです。

③ テンキーボードで4桁以上の数字を入力し、→Iをタッチします。次の画面でも再度同じ数字を入力し、[確認] をタッチします。

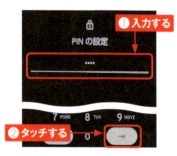

④ ロック画面の通知についての設定が表示されます。表示する内容をタッチしてオンにし、[完了] をタッチすると、設定完了です。

暗証番号で画面ロックを解除する

(1) スリープモード（P.10参照）の状態で、電源キーを押します。

押す

(2) ロック画面が表示されます。画面を上方向にスワイプします。

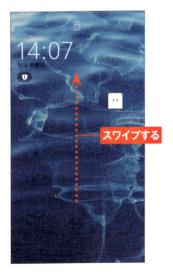

スワイプする

(3) P.162手順③で設定した暗証番号（PIN）を入力して→Iをタッチすると、画面のロックが解除されます。

❶入力する

❷タッチする

MEMO 暗証番号の変更

設定した暗証番号を変更するには、P.162手順①で［画面ロック］をタッチし、現在の暗証番号を入力して［次へ］をタッチします。表示される画面で［PIN］をタッチすると、暗証番号を再設定できます。暗証番号が設定されていない初期の状態に戻すには、[スワイプ]をタッチします。

タッチする

Section **58**

指紋認証で画面ロックを解除する

Application

R9は「指紋センサー」を使用して画面ロックを解除することができます。指紋認証の場合は、予備の解除方法を併用する必要があります。

指紋を登録する

(1) 設定メニューを開いて、[セキュリティとプライバシー]をタッチします。

(2) [デバイスのロック解除] → [指紋]の順でタッチします。

(3) 指紋は予備のロック解除方法と合わせて登録する必要があります。ロック解除方法を設定していない場合は、いずれかの解除方法を選択します。ここでは[PIN・指紋認証]をタッチします。

(4) P.162手順③を参考に、暗証番号（PIN）を設定します。

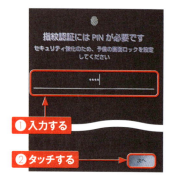

5. ロック画面に表示させる通知の種類をタッチして選択し、[完了] をタッチします。

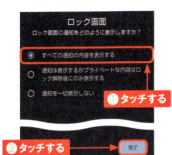

6. [同意する] → [次へ] の順にタッチします。

7. 画面に表示された指紋センサーに指先を押し当て、本体が振動するまで静止します。

8. 「指紋の登録完了」と表示されたら、[完了] をタッチします。

9. ロック画面を表示して、手順⑦で登録した指を指紋センサーの上に置くと、画面ロックが解除されます。

Section **59**

顔認証で画面ロックを解除する

R9では顔認証を利用してロックの解除などを行うこともできます。ロック画面を見るとすぐに解除するか、時計や通知を見てから解除するかを選択できます。

顔データを登録する

(1) 設定メニューを開いて、[セキュリティとプライバシー] → [デバイスのロック解除] → [顔認証] の順にタッチします。PINなど、予備の解除方法を設定していない場合は、P.162を参考に設定します。

(2) 「顔認証によるロック解除」画面が表示されます。[次へ] [OK] [アプリの使用時のみ] などをタッチして進みます。

(3) 本体正面に顔をかざすと、自動的に認識されます。「マスクをしたままでも顔認証」画面が表示されたら、[有効にする] または [スキップ] をタッチします。

(4) 「ロック解除後の動作」画面が表示されたら、[OK] をタッチします。

顔認証の設定を変更する

(1) P.166手順①の画面を表示し、[顔認証]をタッチします。

(2) 顔認証と合わせて設定した、画面ロックの解除の操作を行います。

(3) 「顔認証」画面が表示されて、ロック解除のタイミングの設定や顔データの削除ができます。[マスクをしたままでも顔認証]をタッチすると、マスクをした状態での顔認証の可否を切り替えできます。

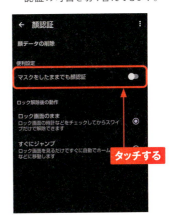

MEMO 顔データの削除

顔データは1つしか登録できないため、顔データを更新したい場合は、登録済みの顔データを削除してから再登録する必要があります。手順③の画面で[顔データの削除]→[はい]の順にタッチすることで、顔データが削除されます。

Section 60

スクリーンショットを撮る

Application

「Clip Now」を利用すると、画面をスクリーンショットで撮影(キャプチャ)して、そのまま画像として保存できます。画面の縁をなぞるだけでよいので、手軽にスクリーンショットが撮れます。

Clip Nowをオンにする

(1) ホーム画面を左方向にフリックし、[AQUOSトリック]をタッチします。

①フリックする
②タッチする

(2) 「AQUOSトリック」画面で[Clip Now]をタッチします。説明が表示されたら[閉じる]をタッチします。

タッチする

(3) [Clip Now]をタッチしてオンにします。アクセス許可に関する画面が表示されたら、[次へ]や[許可]をタッチします。

タッチする

MEMO キーを押してスクリーンショットを撮る

音量キーの下側と電源キーを同時に1秒以上長押しして、画面のスクリーンショットを撮ることもできます。スクリーンショットは本体内の「Pictures」-「Screenshots」フォルダに画像ファイルとして保存され、「フォト」アプリなどで見ることができます。

スクリーンショットを撮る

① 画面の左上端または右上端をロングタッチします。

② バイブレーターが作動して本体が2回震えたら、指を離します。

③ キャプチャが実行されると、画面左下にサムネイルが表示されます。

④ 「フォト」アプリを起動して、[コレクション] → [スクリーンショット] の順でタッチします。

⑤ スクリーンショットの画像のアイコンが表示されます。アイコンをタッチすると、画像が表示されます。

Section **61**

スリープモードになるまでの時間を変更する

Application

R9の初期設定では、何も操作をしないと30秒でスリープモード（P.10）になるよう設定されています。スリープモードになるまでの時間は変更できます。

スリープモードになるまでの時間を変更する

① 設定メニューで［ディスプレイ］をタッチします。

② ［画面消灯（スリープ）］をタッチします。

③ スリープモードになるまでの時間は7段階から選択できます。

④ スリープモードに移行するまでの時間をタッチして設定します。

170

Section 62

リラックスビューを設定する

「リラックスビュー」を設定すると、画面が黄色味がかった色合いになり、薄明りの中でも画面が見やすくなって、目が疲れにくくなります。暗い室内で使うと効果的です。

リラックスビューを設定する

① P.170手順②の画面で[リラックスビュー]をタッチします。

② 表示された画面で[リラックスビューを使用]をタッチすると、リラックスビューが有効になります。

③ 「輝度の強さ」の●を左右にドラッグすることで、色合いを調節できます。

MEMO リラックスビューの自動設定

手順②または手順③の画面で[スケジュール]をタッチすると、リラックスビューに切り替えるタイミングや時間を設定できます。

171

Section 63

電源キーの長押しで起動するアプリを変更する

Application

R9の操作中に電源キーを長押しすると、初期状態では「アシスタント」アプリが起動します。設定を変更して、よく使うアプリを電源キーから起動できるようにすると便利です。

クイック操作を設定する

(1) ホーム画面を左方向にフリックし、[AQUOSトリック]をタッチします。

(2) 「AQUOSトリック」画面で[クイック操作]をタッチします。

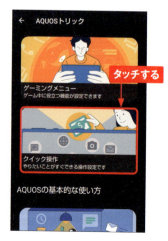

(3) [長押しでアプリ起動]をタッチします。

(4) 電源キーを長押しすると起動するアプリを選んでタッチします。

172

Section **64**

アプリのアクセス許可を変更する

アプリの初回起動時にアクセスを許可していない場合、そのアプリが正常に動作しない可能性があります（P.20MEMO参照）。ここでは、アプリのアクセス許可を変更する方法を紹介します。

アプリのアクセスを許可する

(1) 設定メニューを開いて、[アプリ]をタッチします。「アプリ」画面で[××個のアプリをすべて表示]をタッチします。

(2) 「すべてのアプリ」画面が表示されたら、アクセス許可を変更したいアプリ（ここでは[+メッセージ]）をタッチします。

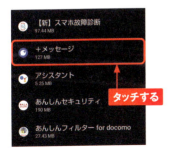

(3) 「アプリ情報」画面が表示されたら、[権限]をタッチします。

(4) 「アプリの権限」画面が表示されたら、アクセスを許可する項目をタッチしてオンに切り替えます。

Section **65**

エモパーを活用する

R9には、天気やイベントの情報などを話したり、画面に表示したりして伝えてくれる「エモパー」機能が搭載されています。エモパーを使って音声でメモをとることもできます。

エモパーの初期設定をする

1. アプリ一覧画面で［エモパー］をタッチして起動します。画面を左方向に4回フリックし、［エモパーを設定する］をタッチします。「エモパーを選ぼう」画面が表示されたら、性別やキャラクターの1つをタッチして、［次へ］をタッチします。

2. ひらがなで名前を入力し、［次へ］をタッチします。

3. あなたのプロフィールを設定し、［次へ］をタッチします。

4. アクセス許可に関する画面が表示されたら、［アプリの使用時のみ］をタッチします。

⑤ 自宅を設定します。住所や郵便番号を入力して🔍をタッチします。

⑥ 自宅の位置をタッチし、[次へ]をタッチします。以降は、画面の指示に従って設定を進めます。

⑦ COCORO MEMBERSに関する画面で[いますぐ使う（スキップ）]をタッチし、以降は画面の指示に従って許可設定を行います。

⑧ ロック画面にニュースやスポットの情報などが表示されるようになります。

MEMO エモパーをロック画面で利用する

手順⑧のようにエモパーをロック画面で利用するには、「他のアプリの上に重ねて表示」を許可する必要があります。

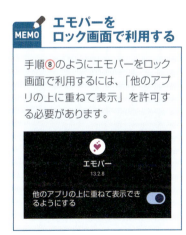

エモパーを利用する

① ロック画面の天気やイベントなどの表示をロングタッチします。

② 情報がプレビュー表示されます。手順①で天気やイベントを2回タッチすると、詳細な情報を見ることができます。

③ P.175手順⑤〜⑥で自宅に設定した場所で、ロック画面を右方向にフリックすると、「エモパー」画面が表示されます。

④ エモパー画面を上方向にフリックし、バブルをタッチすると詳しい情報を見ることができます。

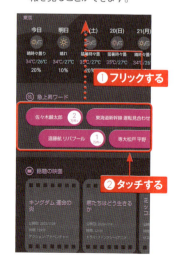

Section 66

画面のダークモードを オフにする

初期状態のR9では、黒基調のダークモードが適用されています。目にやさしく、消費電力も抑えられます。この画面が好みでない場合は、ダークモードをオフにしましょう。

ダークモードをオフにする

(1) 設定メニューで [ディスプレイ] をタッチします。

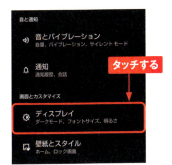

(2) 「デザイン」の [ダークモード] の ● をタッチします。

(3) スイッチが ○ に切り替わり、ダークモードがオフになります。

(4) ダークモードがオフになると、設定メニュー、クイック検索ボックス、フォルダの背景、対応したアプリの画面などが白地で表示されます。

177

Section 67

おサイフケータイを設定する

R9はおサイフケータイ機能を搭載しています。電子マネーの楽天Edy、WAON、QUICPay、モバイルSuica、各種ポイントサービス、クーポンサービスに対応しています。

おサイフケータイの初期設定をする

1. アプリ一覧画面の「ツール」フォルダを開き、[おサイフケータイ]をタッチします。

2. 初回起動時はアプリの案内が表示されるので、[次へ]をタッチします。続いて、利用規約が表示されるので、「同意する」にチェックを付け、[次へ]をタッチします。「初期設定完了」と表示されたら[次へ]をタッチします。

3. 「Googleでログイン」についての画面が表示されたら、[次へ]をタッチします。

4. Googleアカウントでのログインを促す画面が表示されたら、[ログインはあとで]をタッチします。キャンペーンのお知らせの画面で[次へ]をタッチし、[許可]をタッチします。

⑤ サービスの一覧が表示されます。ここでは、[楽天Edy] をタッチします。

⑥ 詳細が表示されるので、[サイトへ接続] をタッチします。

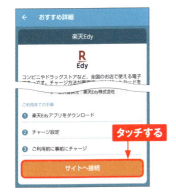

⑦ 「Playストア」アプリの画面が表示されます。[インストール] をタッチします。

⑧ インストールが完了したら、[開く] をタッチします。

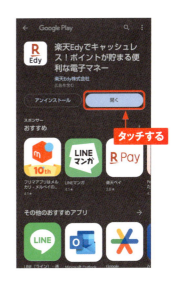

⑨ 「楽天Edy」アプリの初期設定画面が表示されます。画面の指示に従って初期設定を行います。

Section **68**

バッテリーや通信量の消費を抑える

Application

「長エネスイッチ」や「データセーバー」をオンにすると、バッテリーや通信量の消費を抑えることができます。状況に応じて活用し、肝心なときにバッテリー切れということがないようにしましょう。

長エネスイッチをオンにする

(1) 設定メニューを開いて、[バッテリー]をタッチします。

(2) [長エネスイッチ]をタッチします。

(3) [長エネスイッチの使用]をタッチしてオンにし、[スケジュールの設定]をタッチします。なお、充電中は長エネスイッチをオンにできません。

(4) [残量に応じて自動でON]をタッチし、スライダーを左右にドラッグすると、[超エネスイッチ]が有効になるバッテリー残量を変更できます。

データセーバーをオンにする

1 設定メニューを開いて、[ネットワークとインターネット]をタッチします。

2 [データセーバー]をタッチします。

3 [データセーバーを使用]をタッチしてオンにします。[モバイルデータの無制限利用]をタッチします。

4 バックグラウンドでの通信を停止するアプリが表示されます。常に通信を許可したいアプリがある場合は、アプリ名をタッチしてオンにします。

Section **69**

Wi-Fiを設定する

Application

自宅のアクセスポイントや公衆無線LANなどのWi-Fiネットワークがあれば、5G/4G（LTE）回線を使わなくてもインターネットに接続できます。Wi-Fiを利用することで、より快適にインターネットが楽しめます。

Wi-Fiに接続する

(1) 設定メニューを開いて、[ネットワークとインターネット] → [Wi-Fiとモバイルネットワーク] の順でタッチします。

(2) [Wi-Fi] が「OFF」の場合は、●をタッチして●に切り替えます。[Wi-Fi] タッチします。

(3) 付近にあるWi-Fiネットワークが表示されます。接続するネットワークをタッチします。

(4) パスワードを入力し、[接続] をタッチすると、Wi-Fiネットワークに接続できます。

182

Wi-Fiネットワークに手動で接続する

(1) Wi-Fiネットワークに手動で接続する場合は、P.182手順③の画面を上方向にスライドし、画面下部にある[ネットワークを追加]をタッチします。

(2)「ネットワーク名」にネットワークのSSIDを入力し、「セキュリティ」の項目をタッチします。

(3) ネットワークのセキュリティの種類をタッチして選択します。

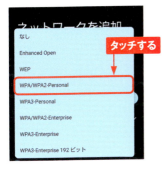

(4)「パスワード」を入力して[保存]をタッチすると、Wi-Fiネットワークに接続できます。

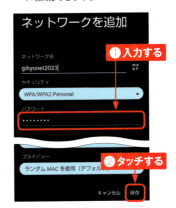

MEMO 本体のMACアドレスを使用する

Wi-Fiに接続する際、標準でランダムなMACアドレスが使用されます。アクセスポイントの制約などで、本体の固有のMACアドレスで接続する場合は、手順④の画面で[プライバシー]をタッチし、[ランダムMACを使用]→[デバイスのMACを使用]の順でタッチして切り替えます。固有のMACアドレスは設定メニューの[デバイス情報]をタッチし、「デバイスのWi-Fi MACアドレス」の表示で確認できます。

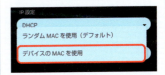

Section 70

Wi-Fiテザリングを利用する

Wi-Fiテザリングは「モバイルWi-Fiルーター」とも呼ばれる機能です。R9を経由して、同時に最大10台までのパソコンやゲーム機などをインターネットにつなげることができます。

Wi-Fiテザリングを設定する

① 設定メニューを開いて、[ネットワークとインターネット]をタッチします。

② [テザリング]をタッチします。

③ [Wi-Fiテザリング]をタッチします。

④ [ネットワーク名]と[Wi-Fiテザリングのパスワード]をタッチして、任意のネットワーク名とパスワードを設定します。

⑤ [Wi-Fiテザリングの使用] をタッチして、オンに切り替えます。なお、データセーバーがオンの状態では切り替えができません (P.181参照)。

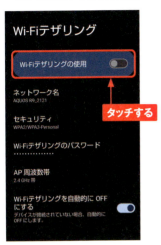

⑥ Wi-Fiテザリングがオンになると、ステータスバーにWi-Fiテザリング中であることを示すアイコンが表示されます。

⑦ Wi-Fiテザリング中は、ほかの機器からR9のSSIDが見えます。SSIDをタッチして、P.184手順④で設定したパスワードを入力して接続すると、R9経由でインターネットにつながります。

MEMO テザリングオート

自宅などのあらかじめ設定した場所を認識して、自動的にテザリングのオン／オフを切り替える機能です。AQUOSトリックから設定できます (P.172参照)。

Section 71

Bluetooth機器を利用する

Application

R9はBluetoothとNFCに対応しています。ヘッドセットやスピーカーなどのBluetoothやNFCに対応している機器と接続すると、R9を便利に活用できます。

Bluetooth機器とペアリングする

(1) あらかじめ接続したいBluetooth機器をペアリングモードにしておきます。アプリ一覧画面で[設定]をタッチして、設定メニューを開きます。

(2) [接続設定]をタッチします。

(3) [新しいデバイスとペア設定]をタッチします。

(4) 周囲にあるBluetooth対応機器が表示されます。ペアリングする機器をタッチします。

⑤ キーボードやモバイル端末などを接続する場合は、表示されたペアリングコードを相手側から入力します。

⑥ 機器との接続が完了します。機器名の右の⚙をタッチします。

⑦ 利用可能な機能を確認できます。接続を解除するには、[接続を解除] をタッチします。

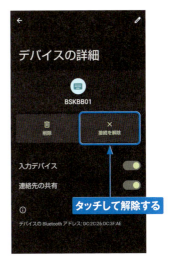

MEMO NFC対応のBluetooth機器を利用する

NFC (近距離無線通信) 機能を利用すると、NFCに対応したBluetooth機器とかんたんにペアリング (接続) できます。R9のNFC機能をオンにして (標準でオン)、本体背面にあるNFC/Felicaのマークを近づけ、表示されるペアリングの確認画面で[はい] などをタッチすれば設定完了です。以降は本体を機器に近づけるだけで、接続/切断とBluetooth機能のオン/オフが自動で行なわれます。なお、NFC機能を使ってペアリングする際は、Bluetooth機能をオンにする必要はありません。

Section **72**

R9をアップデートする

R9は本体のソフトウェア（システム）を更新することができます。

システムアップデートを確認する

① 設定メニューを開いて、[システム]をタッチします。

② [システムアップデート] をタッチします。

③ システムアップデートの有無が確認されます。

④ アップデートがある場合、画面の指示に従い、アップデートを開始します。アップデートの完了後、本体を再起動します。

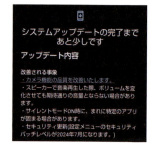

Section 73

R9を初期化する

R9の動作が不安定なときは、本体を初期化すると改善する場合があります。重要なデータを残したい場合は、事前にクラウドなどにデータのバックアップを実行しておきましょう。

Application

R9を初期化する

① 設定メニューを開いて、[システム] → [リセットオプション] の順にタッチします。

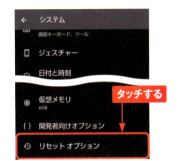

タッチする

② [すべてのデータを消去（初期設定にリセット）] をタッチします。

タッチする

③ メッセージを確認して、[すべてのデータを消去] をタッチします。画面ロックにPINを設定している場合（Sec.56参照）、PINの確認画面が表示されます。

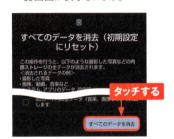

タッチする

④ この画面で [すべてのデータを消去] をタッチすると、R9が初期化されます。

タッチする

189

索引

記号・数字・アルファベット

＋メッセージ	75, 88
12キーボード	25
5G	9
AIの自動認識	132
AIライブシャッター	132
Android	8
AQUOSトリック	168
Bluetooth	186
Chromeアプリ	66
Clip Now	168
dアカウント	36
d払い	150
dポイントカード	151
dマーケット	36
dメニュー	142
Gboard	24
Gemini	102
Gmail	92
Google	98
Google One	118
Google Play	104
Google Playギフトカード	108
Googleアカウント	32
Googleアシスタント	100
Googleカレンダー	118
Googleドライブ	118
Googleフォト	134, 139
Google翻訳	118
Googleマップ	110
Googleレンズ	131
MACアドレス	183
my daiz	144
My docomo	146
NFC	187
PCメール	94
Photoshop Express	137
PIN	162
QWERTYキーボード	25
SmartNews for docomo	152
SMS	47, 74, 88
spモードパスワード	36, 41
Webページを閲覧	66
Webページを検索	68
Wi-Fi	182
Wi-Fiテザリング	184
YouTube	116
YouTube Music	122

あ行

アップデート	107, 154, 188
アプリ	20
アプリアイコン	14, 156
アプリ一覧画面	20
アプリ一覧ボタン	14, 20
アプリ使用履歴キー	12
アプリのアクセス許可	20, 173
アプリの切り替え	21
アプリの終了	21
アプリを検索	104
アンインストール	107
暗証番号	162
位置情報	108
インストール	106
ウィジェット	22
絵文字	29
エモパー	174
おサイフケータイ	178
お知らせアイコン	16
音楽を聴く	122
音声入力	24
音量の調整	62

か行

顔認証	166
顔文字	29
壁紙	158
カメラ	8, 124, 128
記号	29
クイック検索ボックス	14
クイック操作	172

さ行

シム 30

指紋認証 164
写真の検索 140
写真の撮影 124
写真の編集 136
初期化 189
スクリーンショット 168
スワイプ（アイコン） 16
スワイプ（パネル） 14, 16
スワイプ（パズル） 18
スライド 13
スリープモード 10, 170
スマホ 13
設定メニュー 20, 32
操作音 64

た行

ダークモード 177
タッチ 13
タッチパネル 13
ちず 70
着信音 61
着信拒否 58
通知 17, 160
通知音 60
通知を消す 160
テレビ電話メモ 50
テーマパーク 181
テザリング機能 185
デバイスを探す 114
電源キー 10
電源を切る 11
サブスクリプション（定額制） 48, 50
充電する 49
電源を入れる 45
動画を撮る 44
動画の撮影 125
動画の編集 138

ドコモアプリ 26
ドコモアプリ（アップデート） 154
ドコモ電話帳 52
ドコモメール 76
トーン 12
トーク 14
ドラッグ 13

な・は行

長エネスイッチ 180
ナビゲーションバー 12
ネットワーク暗証番号 36
パソコンと接続 120
パスワード 180
ピンチアウト／ピンチイン 13
フォトアプリ 134, 139
フォルダ 14, 83, 157
フリーメール 72
ブリッジ 13
ブリック 26
ペース 31
ホーム画面 14, 156
ホームキー 12

ま・や・ら行

マチキャラ 14
メモモード 63
迷惑メール 86
メールの自動振り分け 84
容量 12
有料アプリ 108
リラックスメニュー 171
履歴 46
ルートを検索 113
ロック画面 10, 163
ロック画面の通知を非表示 161
ロックを解除 10
ログアウト 13

そのまえはじめる
AQUOS R9 SH-51E [ドコモ全対応版] スマートガイド

2024年11月9日 初版 第1刷発行

著者　技術評論社編集部
発行者　片岡 巌
発行所　株式会社技術評論社
　　　　東京都新宿区市谷左内町 21-13
　　　　電話 03-3513-6150 販売促進部
　　　　　　 03-3513-6160 書籍編集部
編集　　吉岡 高志（技術評論社）
装丁　　菊池 徹（チャダル）
本文デザイン　リンクアップ
DTP　　リンクアップ
製本/印刷　昭和情報プロセス株式会社

定価はカバーに表示してあります。

落丁・乱丁がございましたら、弊社販売促進部までお送りください。送料小社負担にてお取り替えいたします。
本書の一部または全部を著作権法の定める範囲を超え、無断で複写、複製、転載、あるいはファイルに落とすことを禁じます。

© 2024 技術評論社

ISBN978-4-297-14445-6 C3055

Printed in Japan

お問い合わせについて

本書に関するご質問については、本書に記載されている内容に関するもののみとさせていただきます。本書の内容と関係のないご質問につきましては、一切お答えできませんので、あらかじめご了承ください。また、電話でのご質問は受け付けておりませんので、必ずFAXか書面にて下記までお送りください。

なお、ご質問の際には、必ず以下の項目を明記していただきますようお願いいたします。

1. お名前
2. 返信先の住所またはFAX番号
3. 書名
   （そのまえはじめる AQUOS R9 SH-51E スマートガイド [ドコモ全対応版]）
4. 本書の該当ページ
5. ご使用のソフトウェアのバージョン
6. ご質問内容

なお、お送りいただいたご質問には、回答までに お時間をいただくこともございます。また、回答の期日をご指定いただいた場合でも、ご希望にお応えできるとは限りません。あらかじめご了承くださいますよう、お願いいたします。ご質問の際に記載いただいた個人情報は、回答後速やかに破棄させていただきます。

お問い合わせ先

〒 162-0846
東京都新宿区市谷左内町 21-13
株式会社技術評論社　書籍編集部
「そのまえはじめる AQUOS R9 SH-51E [ドコモ全対応版] スマートガイド」質問係
FAX 番号 03-3513-6167
URL：https://book.gihyo.jp/116/

■ お問い合わせの例

FAX

1. お名前　技術 太郎
2. 返信先の住所またはFAX番号
   03-XXXX-XXXX
3. 書名
   そのまえはじめる
   AQUOS R9 SH-51E
   [ドコモ全対応版]
   スマートガイド
4. 本書の該当ページ
   20ページ
5. ご使用のソフトウェアのバージョン
   Android 14
6. ご質問内容
   手順3の画面が表示されない